Ankita Tiwari
Dinesh Bhatia
O. P. Singh

Étude des signaux EEG pour les enfants atteints de handicap neuromoteur

Ankita Tiwari
Dinesh Bhatia
O. P. Singh

Étude des signaux EEG pour les enfants atteints de handicap neuromoteur

ScienciaScripts

Imprint
Any brand names and product names mentioned in this book are subject to trademark, brand or patent protection and are trademarks or registered trademarks of their respective holders. The use of brand names, product names, common names, trade names, product descriptions etc. even without a particular marking in this work is in no way to be construed to mean that such names may be regarded as unrestricted in respect of trademark and brand protection legislation and could thus be used by anyone.

Cover image: www.ingimage.com

This book is a translation from the original published under ISBN 978-613-9-90085-5.

Publisher:
Sciencia Scripts
is a trademark of
Dodo Books Indian Ocean Ltd. and OmniScriptum S.R.L publishing group

120 High Road, East Finchley, London, N2 9ED, United Kingdom
Str. Armeneasca 28/1, office 1, Chisinau MD-2012, Republic of Moldova, Europe
Printed at: see last page
ISBN: 978-620-5-65687-7

Tout d'abord, je tiens à exprimer mes plus profonds remerciements à ***Dieu tout-puissant*** qui m'a permis de mener à bien ce travail de thèse.

Les mots sont souvent insuffisants pour exprimer nos profonds sentiments. Une telle compréhension du travail n'est jamais le résultat des efforts d'une seule personne. Je profite de cette occasion pour exprimer mon profond sentiment de gratitude et de respect à tous ceux qui m'ont aidé pendant la durée de cette thèse. Tout d'abord, je voudrais remercier le Dr. Dinesh Bhatia, professeur associé et directeur du département d'ingénierie biomédicale, North Eastern Hill University, Shillong, Meghalaya. Il m'a donné l'opportunité de faire partie de ce travail grâce au financement reçu (Ref : SEED/TIDE/007/2013) de la Technology Intervention for Disabled and Elderly du Department of Science and Technology (**DST**), Government of India, New Delhi, projet de recherche "***TO STUDY RELIEF OF MUSCLES SPASTICITY IN CEREBRAL PALSY KIDS BY EMPLOYING r-TMS***". Je reconnais également le soutien du personnel d'UDAAN-for the differently abled, Delhi et je suis reconnaissante aux enfants et à leurs parents d'avoir donné leur consentement pour participer à cette étude. Je voudrais également exprimer ma profonde gratitude à M. ASEEM CHAUHAN (Président supplémentaire, RBEF et Chancelier AUR, Jaipur), MAJOR GENERAL K.K. OHRI (ASVM Retd.) Pro. VC Directeur général, Université AMITY, Uttar Pradesh Lucknow, Wg. Cdr (Dr.) Anil Kumar (Retd.) Director ASET Lucknow Campus), Brig (Retd.) U.K. CHOPRA (Director AIIT Dy. Director ASET), pour me permettre de travailler sous la supervision du Dr. Je tiens à exprimer mes remerciements au chef de notre département d'électricité et d'électronique et à mon directeur de thèse, le professeur Dr. O.P. Singh, pour ses précieux conseils. Je suis également reconnaissant aux membres de mon corps enseignant, le Dr Geetika Srivastava, le Dr Gangaram Mishra, le Dr Sachin Kumar, le Dr KK Singh. La plupart des nouvelles idées et solutions trouvées dans cette thèse sont le résultat de nombreuses discussions stimulantes avec toutes ces personnes. Leurs réactions et leurs commentaires éditoriaux ont également été inestimables pour la rédaction de cette thèse.

Enfin, je dédie ma thèse à ma ***famille*** qui m'a aidé à rêver, m'a fait confiance et ne m'a jamais abandonné pendant toutes ces années. Ce travail ne serait pas possible sans eux.

Ankita Tiwari

TABLE DES MATIÈRES

Les études menées depuis des siècles ont permis de comprendre les différents mouvements du corps effectués de manière routinière. Les observations ont montré que tous les mouvements du corps nécessitent un échange d'informations en fournissant des signaux liés à l'environnement externe. Le contrôle de l'action des muscles planifie les différents mouvements [1]. Il existe des milliards de neurones ayant des quadrillions de connexions entre les muscles et eux-mêmes. Ces connexions sont responsables des mouvements musculaires que l'être humain effectue chaque jour. Bien que nous en sachions assez peu sur les troubles neurogénératifs et le handicap moteur neuronal, les efforts déployés pour améliorer l'état actuel des patients se limitent aux médicaments, à la robotique, aux prothèses, aux orthèses, aux stimuli ou à la thérapie par cellules souches [2]. Ces traitements aident le patient en améliorant sa fonctionnalité, en soulageant les symptômes, en apportant un soutien et en ralentissant la progression de la maladie. De plus, les personnes handicapées étaient autrefois assistées d'une canne, d'un fauteuil roulant ou d'une poussette ; bien que les technologies se soient rapidement améliorées ces dernières années, elles ont entraîné une augmentation des dispositifs d'interaction homme-machine, comme le déploiement de prothèses, l'amélioration de l'interface cerveau-ordinateur et les progrès des neuroprothèses pour l'aide à la vie quotidienne [2]. En outre, de nouveaux outils tels que l'imagerie médicale, la simulation informatique et les modèles de calcul sont souvent utilisés pour simuler les mouvements et comparer les résultats avec le contrôle des membres et les éléments neuronaux. Les chercheurs améliorent régulièrement ces dispositifs afin d'en augmenter la facilité d'utilisation et l'efficacité, et de nouvelles inventions se développent qui peuvent imiter les membres naturels [2].

1.1 Motivation

Les personnes atteintes de handicaps neuro-moteurs (MND) constituent 35 % de la population mondiale selon les données de l'OMS publiées en 2017. Les handicaps neuromoteurs sont des problèmes importants, généralement incurables et compliqués dans le scénario actuel. L'infirmité motrice cérébrale ou IMC est une forme de MND [3]. L'infirmité motrice cérébrale est un trouble moteur non progressif. Elle a été décrite comme un trouble continu mais changeant de la posture et du mouvement et ses symptômes se manifestent dès les premières années de la vie. Ce trouble affecte principalement les enfants qui souffrent de troubles de la perception, de la sensation, de problèmes musculo-squelettiques et d'épilepsie. Ces problèmes sont causés par une perturbation de la section corticale ou sous-corticale du cerveau. Pour contrôler ces activités anormales, certaines thérapies sont utilisées pour traiter ces enfants. Auparavant, la kinésithérapie était le seul moyen utilisé pour fournir une thérapie de relaxation musculaire au patient. Cependant, de nos jours, la physiothérapie est accompagnée d'une nouvelle méthode de neurostimulation non invasive connue sous le nom de stimulation magnétique transcrânienne répétitive (SMTr). Cette thérapie s'est avérée utile pour diminuer le tonus musculaire des patients atteints de PC.

1.2 Objectif

L'objectif de cette étude est d'étudier l'effet de la stimulation magnétique transcrânienne répétitive (SMTr) en tant que thérapie et les changements observés dans les signaux de l'électroencéphalogramme (EEG) [4] de différentes populations affectées afin de mener une étude contrôlée par placebo et une comparaison. La thérapie par SMTr est administrée à différentes fréquences dans des limites de sécurité, suivie d'une thérapie physique de routine standard administrée à tous les patients. Les résultats de cette analyse seront comparés aux thérapies standard de routine, administrées à ces patients depuis des décennies. La comparaison est basée sur les changements observés et l'analyse des signaux EEG dans les différents groupes d'étude. Les rythmes sensori-moteurs (RMS) [5] sont comparés pour déterminer les mouvements moteurs et les ondes bêta [6] sont comparées pour déterminer la spasticité musculaire.

1.3 Flux de travail

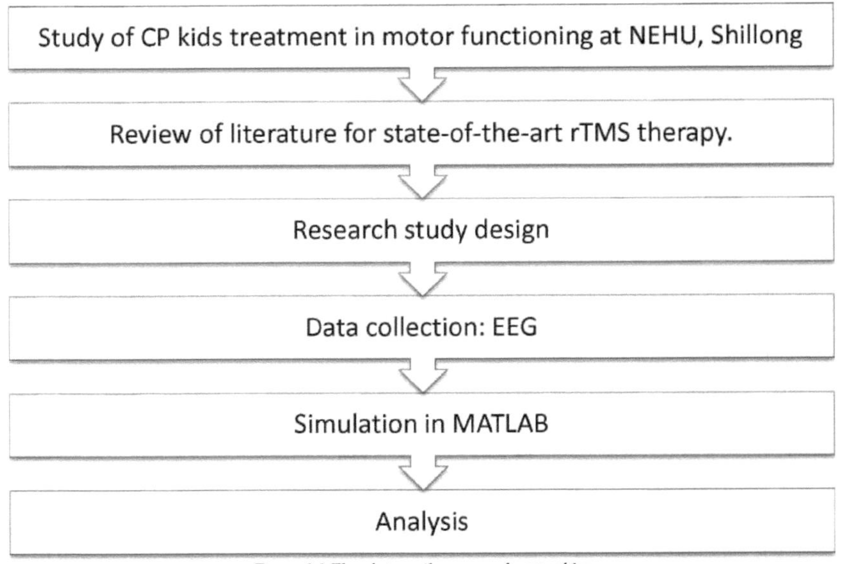

Figure 1.1 Flux de travail au cours de cette thèse

1.4 Plan de la thèse

Cette thèse tente de documenter la thérapie physique incluant la stimulation magnétique transcrânienne répétée impliquée dans cette étude. Le chapitre 1 présente l'idée de recherche et détaille la motivation et l'objectif qui la sous-tendent. Le chapitre 2 traite d'une étude exhaustive de la littérature concernant l'évolution, les progrès en cours et la recherche des différentes thérapies disponibles et tente de familiariser le lecteur avec l'état actuel de l'art. La dernière partie du chapitre se concentre principalement sur les travaux connexes réalisés dans différents endroits. Le chapitre 3 décrit en détail la procédure expérimentale, en enregistrant les différentes étapes suivies pour obtenir le résultat souhaité, y compris le dispositif expérimental, la procédure, le code MATLAB, la plate-forme de simulation, etc. Le chapitre 4 étudie les résultats obtenus à partir de l'analyse effectuée sur les données enregistrées. Il comprend également les résultats de la simulation. Le dernier chapitre traite des conclusions tirées de cette étude et dresse la liste des travaux futurs possibles dans ce domaine de recherche.

1.5 Contexte

PHYSIOLOGIE DE LA VOIE DE CONTRÔLE DES MEMBRES

La combinaison des systèmes moteurs et sensoriels qui font communiquer différentes régions du cerveau est appelée voie neuro-motrice. Elle transmet l'information au cerveau à partir du système nerveux périphérique. Une unité sensorielle est une combinaison d'un seul neurone afférent et de tous ses récepteurs. Les unités sensorielles sont sensibles à un type défini de stimuli. Pour la transmission des informations, les voies du cerveau sont connues sous le nom de voie ascendante ou voie sensorielle de la moelle épinière et de voie motrice ou voie descendante. La tâche de la voie ascendante est de transporter les fibres sensorielles de l'unité sensorielle au système nerveux central (SNC). Dans la moelle épinière, les principales voies sensorielles sont le cuneatus, le fasciculus gracilis, la voie spinothalamique latérale et la voie spinothalamique ventrale. Le cuneatus et le fasciculus gracilis transmettent les informations du toucher, des vibrations, de la localisation tactile, de la proprioception, de la sensation de pression profonde et de la sensation de kinesthésie des centres supérieurs au cerveau à partir des parties du corps. Ils sont présents dans la colonne blanche dorsale. La piste spinothalamique latérale est présente dans les supports de la colonne blanche. Sa tâche est de transporter les informations liées à la sensation de température et de douleur vers le cerveau à partir des différentes parties du corps. La piste spinothalmique ventrale transporte l'information de la sensation du toucher au cerveau, elle est présente dans la colonne blanche ventrale. Lorsqu'un stimulus cérébral est donné au lobe frontal du cortex cérébral, il envoie un message au squelette et constitue la zone motrice [7].

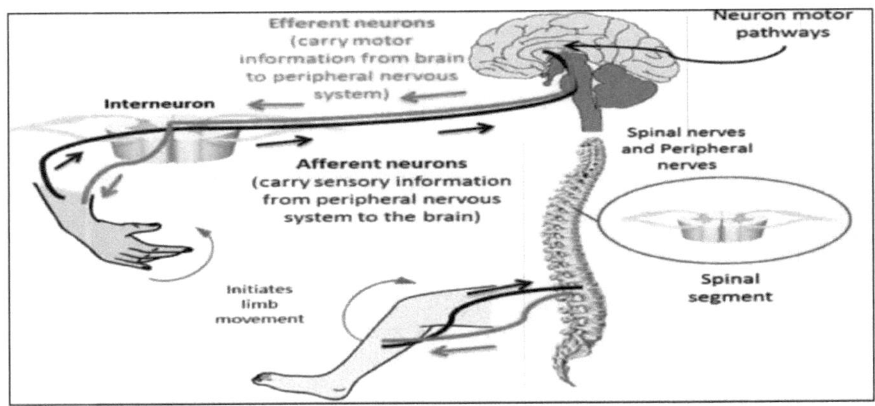

Figure 1.2Physiologie de la voie du contrôle moteur[1]

BIOMÉCANIQUE DU CONTRÔLE DES MEMBRES

La biomécanique est l'étude des lois mécaniques qui sont liées à la structure ou au mouvement de l'organisme vivant. Elle dirige les mouvements et la locomotion chez les animaux et les humains. Elle a été étudiée depuis l'époque d'Aristote, mais les progrès et la croissance dans ce domaine ne sont visibles que depuis deux décennies. Elle a été tardive en raison d'un manque de compréhension des mouvements complexes, mais l'avancée des techniques d'analyse des données permet tous les verrous [8]. L'étude de la biomécanique se développe en raison de certaines questions :

a) Comment le système nerveux contrôle les mouvements lents et complexes des membres.

b) Comment les troubles associés au mouvement des membres

c) Cinétique et cinématique de l'athlète

d) Améliorer les facteurs ergonomiques pour la création du produit afin de minimiser le stress sur le corps [8].

Pour trouver les réponses à ces questions, plusieurs théories ont été créées pour comprendre la dynamique des mouvements humains [9]. La dynamique inverse est l'une de ces théories, qui suggère que le système nerveux central modélise le contrôle des membres et la manipulation d'objets qui résulte en un mouvement planifié à l'aide des couples articulaires [10]. La théorie de la généralisation des programmes moteurs propose que les commandes des mouvements prévus soient stockées en mémoire et exécutées de la même manière qu'un programme informatique [11]. L'hypothèse du point d'équilibre a généralisé la similitude des muscles avec un ressort [12]. Le SNC optimise les commandes neuronales aux muscles, ce qui est discuté dans la théorie du contrôle optimal en termes de précision, d'énergie musculaire, de temps de mouvement et de douceur [13]. Dans toutes les théories citées, l'approche du contrôle optimal est capable de déterminer et de démontrer le comportement du contrôle du membre, mais l'hypothèse de l'articulation principale a quelques preuves qui montrent la nature du mouvement du membre, elle est proposée par Dounskaia [14]. Il a proposé que la LJH révèle la stratégie de contrôle du membre, y compris les caractéristiques de chaque articulation participante, qui surviennent pendant la coordination des membres. L'idée non révélée de la LJH est que la biomécanique des membres du corps est initiée par le système nerveux central par le biais de la liaison de diverses articulations et qu'elle apporte une stratégie de mouvement très sophistiquée qui utilise un couple au repos (minimum) et un couple en mouvement (maximum) aux articulations pour produire un mouvement dynamique du membre. L'importance du couple articulaire a été démontrée par Smith et Zernicke [15] dans une étude, ce qui permet de comprendre comment le mécanisme neuronal est responsable du contrôle du membre. Dans cette étude, il est montré que les interactions mécaniques entre les segments de membres articulés influencent les trajectoires des membres. Cela détermine comment le couple articulaire affecte les forces interactives entre les segments de membres et la contraction musculaire. De plus, la relation entre le déplacement et la force est caractérisée par l'impédance du membre, la viscosité et l'inertie. Des études récentes montrent que la rigidité angulaire et la viscosité au niveau de l'articulation dépendent désormais de stimuli spécifiques, alors qu'elles étaient considérées comme des libertés à un degré dans les premiers temps [16].

2.1 Analyse du signal EEG

En 1875, Richard Caton (1842-1926) a enregistré l'activité cérébrale en plaçant une paire d'électrodes de galvanomètre sur le cuir chevelu. Après cela, Matteucci Carl (1811-1868) et Emil Reymond (1818-1896) ont mesuré l'activité neuronale du muscle en utilisant un galvanomètre. Ce domaine scientifique est connu sous le nom de neurophysiologie (Saeid Sanei, 2008).

Depuis lors, les possibilités d'enregistrement de l'activité cérébrale se sont étendues. De nouvelles méthodes telles que la magnétoencéphalographie (MEG), l'imagerie par résonance magnétique fonctionnelle (IRMf), la tomographie par impédance électrique (TIE), etc. ont joué un rôle majeur dans les nouvelles découvertes et inventions en neurophysiologie, mais, outre toutes ces méthodes, l'électroencéphalogramme (EEG) est toujours utilisé comme outil principal, qui repose sur le principe du galvanomètre pour examiner le cerveau. C'est une bonne méthode si l'on considère son coût, mais son inconvénient est sa faible résolution spatiale.

Le signal généré par l'activité électrique des neurones est mesuré par l'EEG. Une cellule qui est excitable est appelée neurone (Fig 2.3). Des champs électriques et magnétiques sont générés par l'activité des neurones. L'amplitude du potentiel d'action ne change pas et les informations reçues sont modulées en fonction de la fréquence. Par rapport à un signal plus faible, un signal plus fort a une fréquence plus élevée [17] [18].

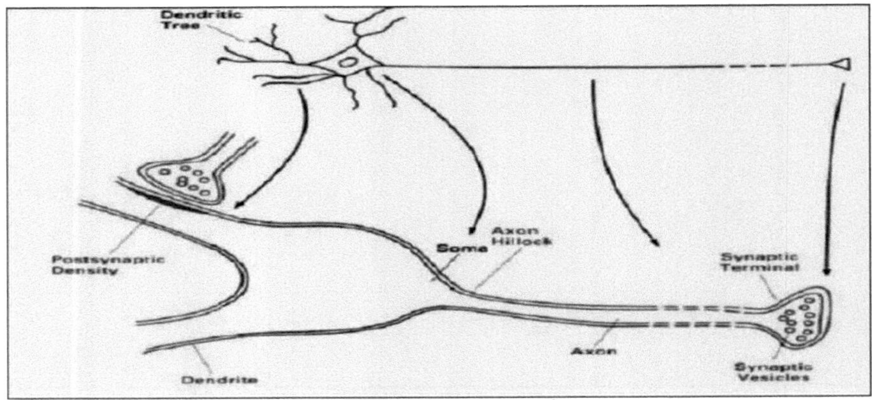

Figure 2.1 Schéma des neurones[2]

Les neurones communiquent en envoyant des messages sous la forme d'un processus électrochimique. Cela signifie que des produits chimiques sont à l'origine du signal électrique. Ces produits chimiques sont chargés électriquement, en raison de cette propriété, ils sont appelés ions. Le sodium, le potassium, le calcium et le chlorure sont des ions importants dans le système nerveux. Il existe également des molécules de protéines qui sont chargées négativement. Ces cellules nerveuses sont entourées d'une membrane qui permet à certains ions de la traverser et de bloquer le passage d'autres ions. Cette membrane est appelée membrane semi-perméable.

Lorsque le neurone est au repos, il n'envoie aucun signal. Dans ce cas, l'intérieur du neurone a une relation négative avec l'extérieur. Cependant, le rassemblement de divers ions tente de s'équilibrer des deux côtés de la membrane, mais il ne peut pas le faire à cause de la membrane semi-perméable. Au repos, le K^+ (ion potassium) traverse facilement cette membrane par rapport au Cl^- (ion chlorure) et au Na^+ (ion sodium). Mais les molécules de protéines qui ont une charge négative ne peuvent pas traverser la membrane. Il existe une pompe qui consomme de l'énergie pour transférer trois ions sodium vers l'extérieur lors de l'insertion de deux ions potassium. Lorsque tous les ions sont équilibrés, le neurone a un potentiel de repos. La valeur de ce potentiel de repos est d'environ -70mV. Cela signifie qu'à l'intérieur du neurone, il y a +70mV ou moins qu'à l'extérieur. Les ions sodium sont plus nombreux, à l'extérieur du neurone, et à l'intérieur, plus d'ions potassium en cas de repos [19].

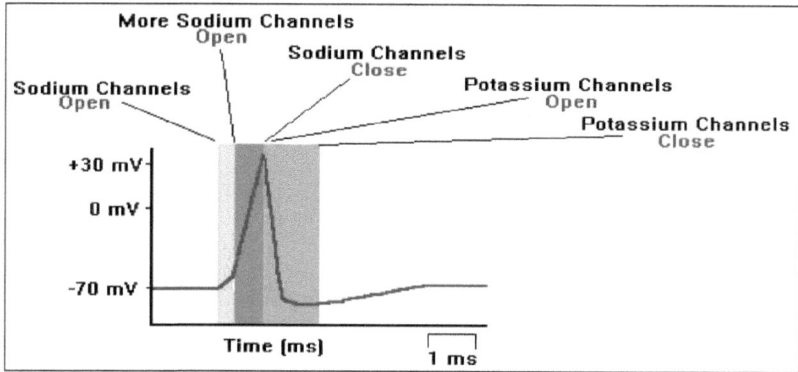

Figure 2.2Impulsion du potentiel d'action[3]

Un potentiel d'action se produit lorsque la communication commence et que le neurone envoie un message le long d'un axone, loin du corps cellulaire. Le potentiel d'action est généré sous la forme d'une impulsion. C'est une explosion d'activité qui est générée par un courant dépolarisant. Cela signifie qu'un stimulus provoque le déplacement du potentiel de -70 mV à 0 mV. Lorsque la dépolarisation atteint -55 mV, le neurone envoie un potentiel d'action, appelé seuil. Si le potentiel n'atteint pas ce seuil, aucun potentiel d'action ne peut être émis. L'amplitude du potentiel est toujours la même dans une cellule nerveuse [19].

Les ondes cérébrales sont des rythmes, elles sont classées sur la base de bandes de fréquences (Fig 2.3). Ces bandes ont été nommées en fonction de la date de leur découverte. De ce fait, les noms ne correspondent pas à leurs fréquences. Obtenir le spectre de fréquence est également avantageux du point de vue du diagnostic (Fig 2.4) [19].

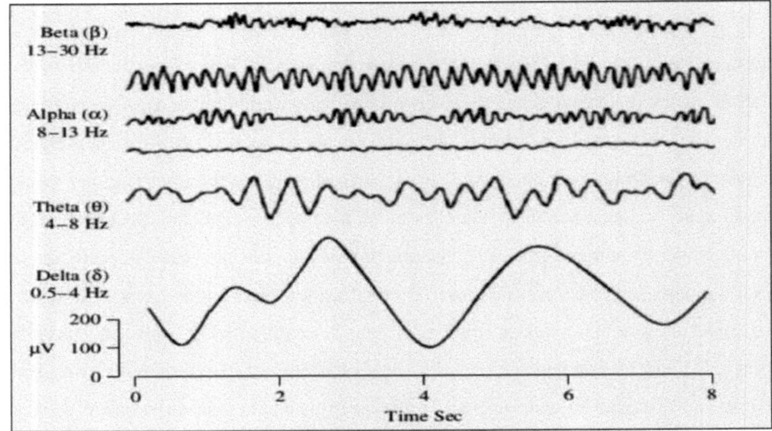

Figure 2.3Les ondes cérébrales [19]

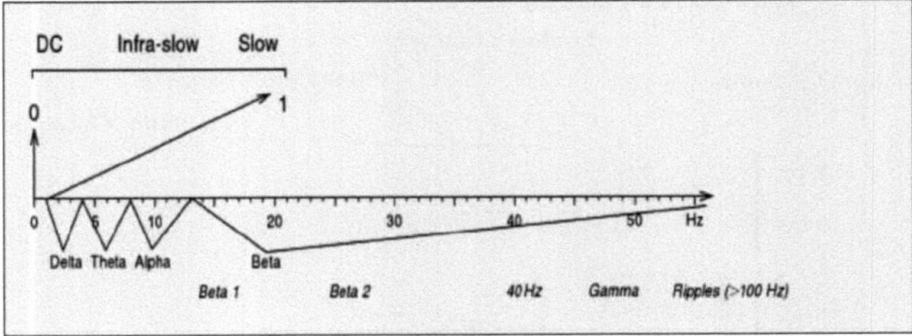

Figure 2.4Spectre de fréquence [2]

Ondes alpha

Ce rythme apparaît dans les régions postérieures (zones occipitale et pariétale) lorsque les yeux sont fermés. La fréquence alpha est généralement comprise entre 8 et 12 Hz. En général, les enfants de moins de 3 ans n'ont pas ou très peu de rythme alpha. Le rythme alpha est considéré comme pathologique lorsqu'il est inférieur à 8 Hz chez les adultes. La bande alpha est divisée en deux gammes : Alpha1 (8-10 Hz) et Alpha2 (10-12 Hz). L'alpha augmente avec l'âge [2] [20] [21].

L'esprit vide est indiqué par l'alpha [22].

Ondes bêta

Les ondes bêta se trouvent dans les régions frontocentrales. Ces ondes indiquent un état de tension et d'attente. Parfois, les rythmes bêta sont définis comme ayant plus de 13 Hz, mais comme les ondes gamma sont produites au-delà de 30 Hz, la bande de fréquence bêta est limitée à 30 Hz. Il est également classé en deux bandes : Bêta bas (13-21 Hz, présent dans le cortex frontal et peut également s'étendre à la partie postérieure du cortex temporal) et Bêta haut (22-35 Hz, même emplacement que le bêta bas) [21] [23].

Bêta généralement associé à l'attention et à la pensée active [22].

Ondes delta

Dans les stades de sommeil profond de l'adulte, les ondes Delta apparaissent. Elles ont des fréquences lentes de l'ordre de 0 à 4 Hz. Les ondes Delta sont généralement générées par le mécanisme thalamique intracortical [23] [2].

Si l'activité delta est présente à l'état de veille, elle est considérée comme un défaut physique [22].

Les ondes thêta

Chez les enfants, cette onde est très fréquente et chez les adultes, elle apparaît pendant le sommeil et la somnolence. Si elle est présente chez l'adulte à l'état de veille, il s'agit d'un état pathologique. La gamme de fréquences du rythme thêta est de 4 à 7 Hz [23].

Ces rythmes sont présents pendant le stress émotionnel, l'inspiration créative et la méditation profonde [22].

2.2 Mesure et enregistrement des signaux EEG

Le système utilisé pour l'enregistrement des signaux EEG comprend des amplificateurs, des électrodes et un équipement d'enregistrement. Le système Nexus 10 Neurofeedback, Canada, avec son logiciel intégré et sa capacité d'analyse des données, a été utilisé pour l'étude.

Électrodes

Les électrodes couramment utilisées pour l'enregistrement de l'EEG sont faites d'Ag/AgCl, elles ont la forme d'un disque d'un diamètre d'environ 1 à 3 mm. Ces électrodes maintiennent un potentiel électrochimique stable avec une faible variation du décalage du courant continu (CC). Elles ne sont pas non plus allergènes. D'autres métaux sont également utilisés dans leur fabrication : l'étain, l'acier inoxydable, l'argent plaqué or, l'argent pur et l'or pur [24] [25].

De nos jours, les électrodes sèches sont utilisées pour enregistrer l'EEG, elles n'ont pas besoin de gel conducteur comme les électrodes EEG humides. L'objectif principal est de réduire la résistance de contact entre le cuir chevelu et l'électrode. Pour cette raison, voici quelques paramètres qui affectent cette résistance de contact.

Les paramètres affectent la résistance du contact [25] :

- Moins de résistance

    - Augmentation de la superficie

    - Augmentation de la rugosité de surface

    - Augmentation du rayon de courbure

- Augmenter la résistance

    - Polarisation accrue généralement aux basses fréquences

    - Augmentation de la contamination de surface

Système de pose d'électrodes standard 10-20

La méthode standard de placement des électrodes pour l'enregistrement EEG a été donnée par Jasper en 1958 (Fig 2.8). Son nom est donné sur la base du positionnement des électrodes sur la surface du cuir chevelu. Pour mesurer l'EEG, on utilise à la fois des électrodes unipolaires et bipolaires (Fig 2.9). La seule différence est que la connexion bipolaire est mesurée entre deux électrodes sélectionnées et que le potentiel unipolaire est mesuré entre l'électrode et l'électrode de référence (généralement l'électrode placée sur l'oreille).

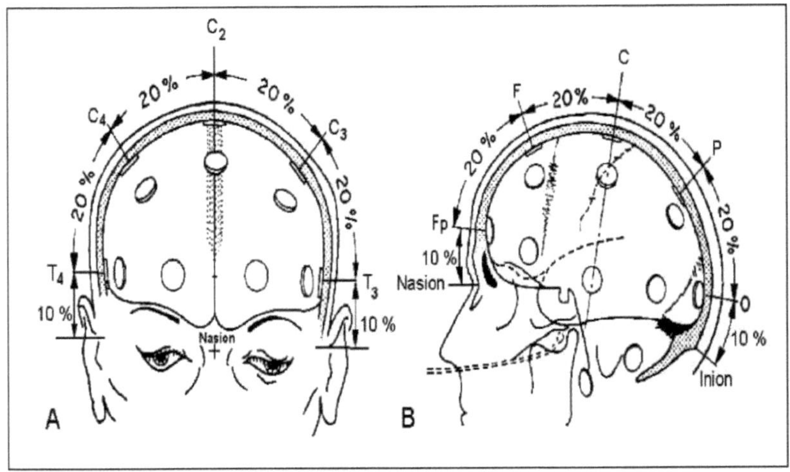

Figure 2.5Le système international 10-20[4]

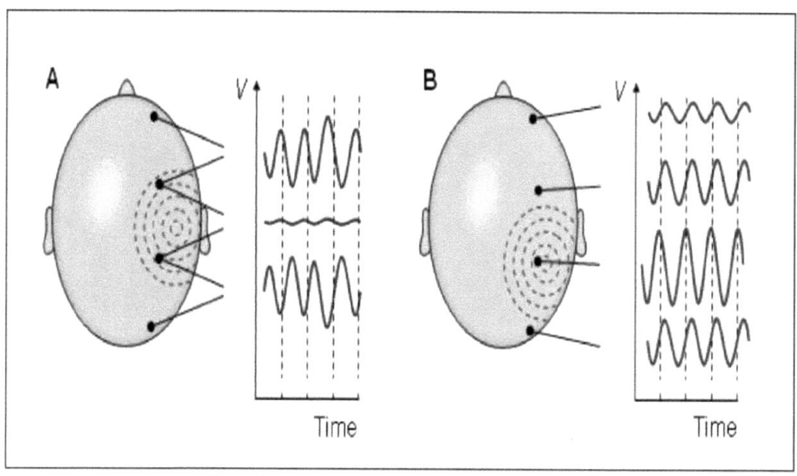

Figure 2.6 A. Mesure bipolaire et B. Mesure unipolaire[5]

Traitement du signal

Lors du traitement des signaux EEG, l'amplificateur de potentiel biologique doit satisfaire aux conditions suivantes [25] :

- Le principe physiologique du processus ne doit pas être affecté

- Le signal ne doit pas être déformé ou contenir des artefacts.

- Le signal doit être amplifié et les interférences supprimées.

- Protégé contre les chocs électriques

- Protégé contre les dommages causés par une tension d'entrée élevée

Taux d'échantillonnage

La fréquence d'échantillonnage doit satisfaire le critère de Nyquist [26]. Cela signifie que la fréquence doit être le double de la fréquence la plus élevée contenue dans le signal. Ainsi, le crénelage peut être évité et le spectre ne se chevauche pas.

2.3 Techniques pour réduire les déficiences neuromotrices

Les différents troubles neuromoteurs sont le résultat de déséquilibres hormonaux à cause desquels le cerveau, en particulier la section de la zone motrice, n'est pas complètement développé pendant la période prénatale, périnatale ou postnatale, ou de toute blessure. Pour les enfants qui souffrent de ce problème, il existe des techniques qui leur permettent d'accomplir les tâches quotidiennes. Ces techniques (Fig 2.7) sont appliquées au patient en fonction du niveau de gravité des déficiences. Les différentes techniques employées pour réduire les déficiences neuromotrices sont les suivantes :

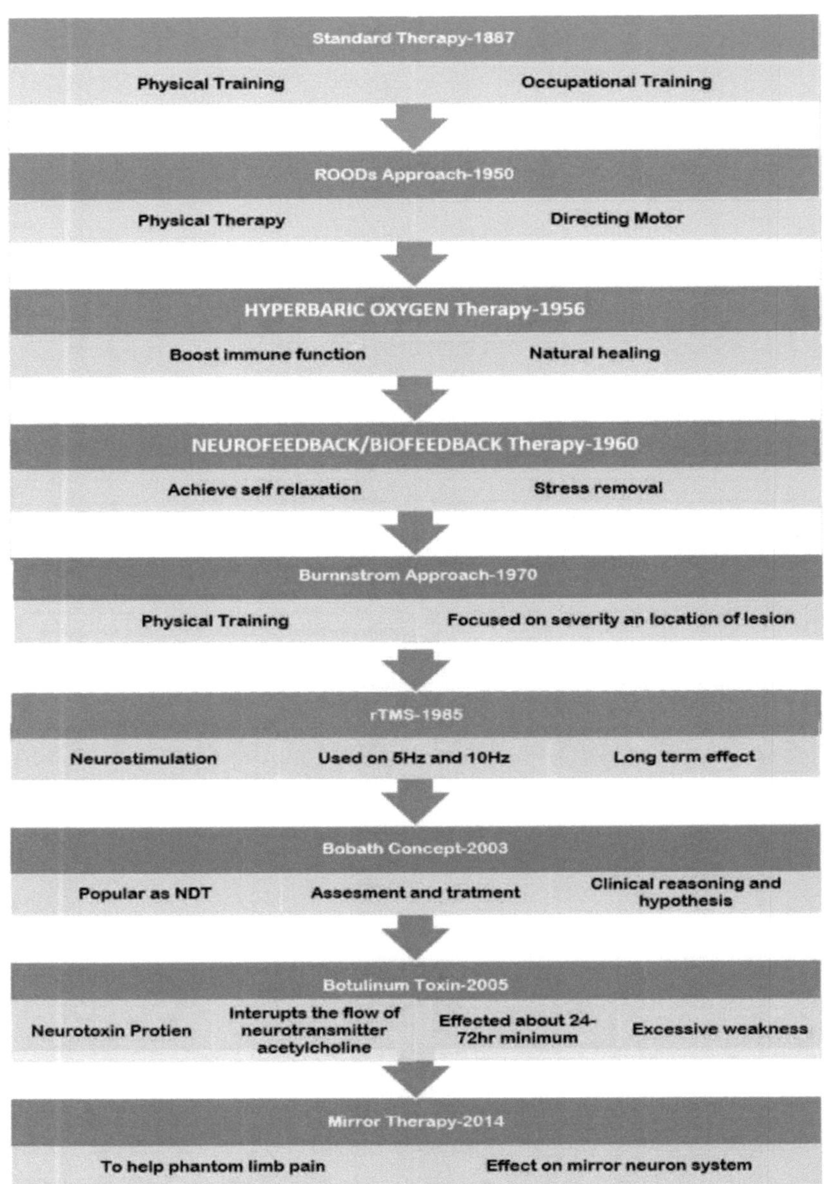

Figure 2.7 Traitements disponibles pour les handicaps liés aux neurones moteurs

2.3.1. TRAITEMENT STANDARD

En 1887, la thérapie physique a été officiellement enregistrée par le Conseil national de la santé et du bien-être, en Suède. La thérapie physique ou thérapie standard est généralement la première étape du traitement d'un handicap neuromoteur. Elle est utilisée pour améliorer les fonctions motrices globales. Elle commence généralement à un jeune âge et vise à améliorer le fonctionnement moteur indépendant. Il existe différents types de thérapies physiques utilisées pour les enfants, en fonction des problèmes spécifiques de mouvement ou de déplacement. Ces thérapies physiques aident à améliorer la force, la mobilité, la posture, l'équilibre et la souplesse. Avant de commencer la thérapie, le thérapeute examine l'état moteur de l'enfant et décide de la mesure la plus appropriée pour la thérapie. Après l'évaluation de l'enfant, le thérapeute conseille des exercices de renforcement musculaire, des techniques de relaxation musculaire et des étirements au sol en fonction des besoins de l'enfant. Certains problèmes spécifiques sont traités par la physiothérapie, comme la courbure de la colonne vertébrale (scoliose) et le raccourcissement du tendon d'Achille. Cette méthode est une prévention utile pour mesurer les problèmes qui peuvent s'aggraver avec le temps. Il existe également certains dispositifs tels que les orthèses, utilisées pour l'entraînement des principaux groupes musculaires et faisant également partie de la thérapie standard. Les attelles, les plâtres et les orthèses peuvent être utiles pour aider les enfants ayant un tonus musculaire faible ou élevé [27].

2.3.2. L'APPROCHE DE ROOD

En 1950, Margaret Rood a développé une thérapie des troubles du SNC connue sous le nom d'approche de Rood. Selon Stockmeyer [28], la théorie thérapeutique de Rood est perturbée par l'association de facteurs involontaires, somatiques et psychiques et leur rôle dans le comportement moteur directif. Les étapes fondamentales de cette approche [29] sont les suivantes :

- Dualité

- Séquence ontogénétique

- Effet sur la cellule de la corne antérieure (CAH)

- Impact sur le SNA (Système Nerveux Automatique)

Il s'agit d'une approche hiérarchique, de haut en bas. Elle permet de normaliser le tonus musculaire, d'améliorer la mobilité et la stabilité, ce qui entraîne des mouvements volontaires basés sur des réflexes et permet également d'augmenter la réponse motrice. Dans l'approche de Rood, le traitement se fait des orteils à la tête, ce qui entraîne le développement du céphalocaudal. Ce traitement doit être répété et le mouvement moteur est orienté vers le fonctionnement des membres. Ici, trois observations de base sont à noter : La stimulation des récepteurs de la réponse homéostatique via le SNA, le deuxième est le résultat réflexe et protecteur du tronc cérébral, du circuit spinal et du SNA, et le troisième est la réponse adaptative qui est nécessaire pour une plus grande intégration du niveau élevé du SNC.

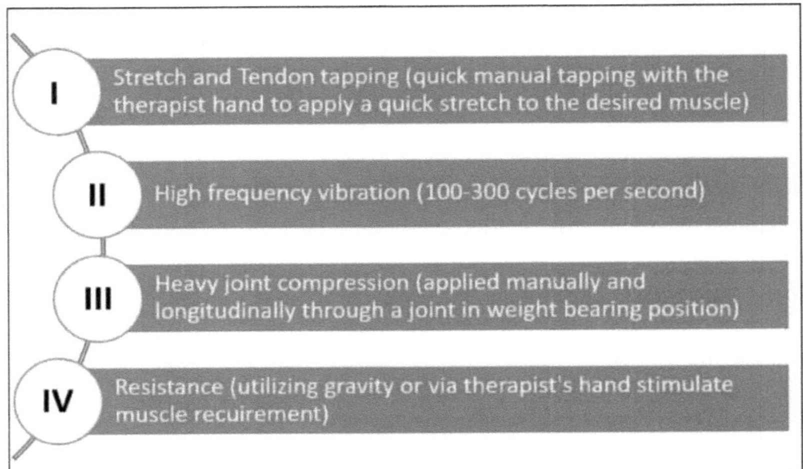

Figure 2.8 Processus de l'approche de Rood

2.3.3. APPROCHE BRUNNSTROM

Il s'agit d'une approche utilisée pour promouvoir l'apprentissage moteur. Le développement est influencé par diverses évaluations standard utilisées par les physiothérapeutes et les ergothérapeutes pour évaluer et suivre le succès du rétablissement du patient. L'évaluation de Fugl Meyer [30] est un exemple de performance physique qui est une échelle largement utilisée pour l'évaluation des patients [31]. L'effet de l'approche de Brunnstrom est le développement de la FMA et il est prouvé dans l'évaluation de la motricité pour les extrémités inférieures et supérieures.

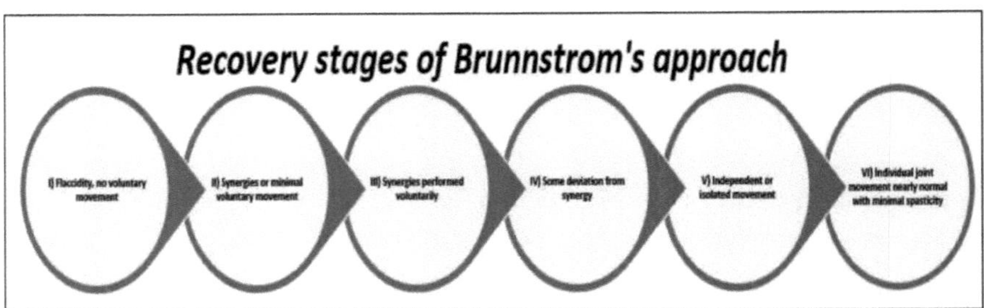

Figure 2.9 Processus de l'approche Brunnstrom

Dans cette approche, six étapes ont été proposées pour l'amélioration de la motricité après un accident vasculaire cérébral. Les patients suivent généralement cette séquence pour une récupération complète [31]. Les variations entre les patients dépendent de la gravité et de l'emplacement de la lésion, ainsi que des perspectives d'altération [31]. Brunnstrom et Sawner ont expliqué la méthode de récupération après un accident vasculaire cérébral associé à une hémiplégie. La méthode a été classée en six étapes [30] comme indiqué ci-dessous :

- Après la première attaque, il y a une durée de flaccidité pendant laquelle le côté et le membre affectés ne bougent pas.

- Lorsque la spasticité commence à se développer, la récupération commence, les réflexes augmentent et ce mouvement est appelé synergies obligatoires. Il peut commencer par inclure tous les membres ou seulement un membre. Ces mouvements sont le reflet de la réponse aux mouvements ou des réactions aux stimuli.

- À ce stade, les mouvements deviennent plus forts et la spasticité développée augmente. Le patient obtient un meilleur contrôle en utilisant ce système, mais cet effet reste de courte durée.

- Le meilleur contrôle se produit à ce stade et l'influence de la synergie commence à diminuer, car le patient commence à avoir plus de mouvements avec moins de résistance.

- A ce stade, une réduction continue de la spasticité se produit, et le patient est capable de se déplacer librement. Le patient est capable de réflexer des mouvements isolés et des combinaisons complexes de mouvements.

- La spasticité n'est pas apparente à un stade ultérieur, et les mouvements et la coordination sont normaux.

CONCEPT DE BOBATH

Ce concept est une autre perspective de la rééducation neuromotrice, il est appliqué dans l'évaluation et le traitement. L'objectif est de stimuler l'apprentissage moteur pour un contrôle correct dans différents environnements. Grâce aux compétences spécifiques du patient, celui-ci est guidé pour commencer et terminer certaines tâches [32]. Ce concept est également connu sous le nom de "traitement neurodéveloppemental" (NDT) [33] et porte le nom de ses inventeurs, Berta Bobath, physiothérapeute, et Karel Bobath, neurophysiologiste. Ce travail est principalement axé sur les patients victimes d'un accident vasculaire cérébral et d'une infirmité motrice cérébrale. Le problème de ce groupe se traduit par la perte du mécanisme normal de réflexe de mouvement et de posture [34].

BABOTH CONCEPT

- Assessment and rehabilitation of person with disorder
- Current Neurophysiology
- Science movement (motor control and motor learning)
- Biomechanics and sensory components, perceptual, cognitive, adaptive and motor
- Normal movement

Figure 2.10 Étapes du concept Baboth

Afin de déterminer l'efficacité du concept Bobath, une évaluation extensive des études a été menée en 2003 pour les personnes souffrant d'hémiplégie associée à un AVC. Les essais n'ont montré aucune preuve de l'effet de ce concept comme catégorie optimale de traitement [35]. Le thérapeute a recommandé que les directives de traitement soient décrites et qu'une étude plus approfondie soit menée sur les mesures liées aux objectifs de ce concept, telles que la qualité du mouvement [36]. Dans la pratique, cela n'a pas été considéré comme la thérapie standard, grâce au développement d'un raisonnement clinique et d'une hypothèse. La décision concernant cette thérapie particulière est prise avec la personne et par le guide, en appliquant le développement de l'interaction et une communication étroite [35].

THÉRAPIE DU MIROIR

Cette thérapie a été inventée pour aider les PLP (Phantom limb pain), par Vilayanur S. Ramachandran en 2014. Au cours de cette thérapie, les patients ont l'impression d'avoir encore des douleurs dans leur membre même après l'avoir amputé [37]. Cette thérapie a montré qu'elle améliorait l'excitabilité motrice spinale et corticale, ce qui est possible grâce à l'effet sur le " système des neurones miroirs " [1]. Ces neurones représentent environ 20 % de tous les neurones disponibles dans le cerveau humain. Le neurone miroir est responsable des réponses de latéralité, c'est-à-dire de la capacité à distinguer le côté droit du côté gauche. Les neurones miroirs s'activent lors de l'utilisation de la boîte à miroirs. Ce système génère une pensée de mouvement, dans laquelle l'individu imagine que le mouvement est en cours en observant le reflet dans le miroir [38]. Dans ce cas, le retour visuel fait de la MT un outil plus puissant, bien que la recherche n'ait pas confirmé cette hypothèse [38].

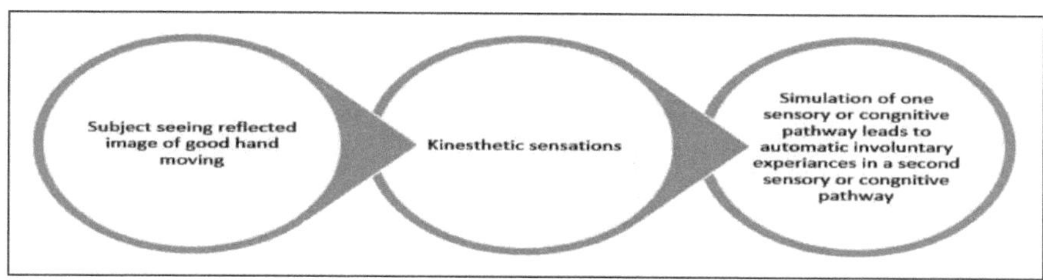

Figure 2.11 Processus de la thérapie par le miroir

Cependant, le succès de cette thérapie dans la réduction de la douleur a été remis en question [1], une étude récente a fourni des preuves de résultats bénéfiques. En 2016, la recherche a montré que la MT est une thérapie précieuse pour améliorer la réponse motrice après une hémiparésie due à un AVC [1]. En 2014, la recherche a trouvé que la MVF peut appliquer un meilleur effet sur les neurones moteurs, principalement avec une pénétration accrue dans le contrôle du mouvement [38].

STIMULATION MAGNÉTIQUE TRANSCRÂNIENNE RÉPÉTITIVE

Le premier appareil de SMT a été mis au point en 1985 [39]. Elle est largement utilisée comme thérapie non invasive pour les patients souffrant de troubles neuromoteurs, d'Alzheimer, d'hallucinations dans la schizophrénie et bien d'autres encore [40] [41]. Dans la SMTr, une impulsion est utilisée pour déclencher un potentiel évoqué moteur ou PEM en plaçant une bobine magnétique tangentielle sur le crâne du patient, ce qui permet de définir l'amplitude requise des ondes magnétiques. Dans cette technique, la partie motrice du cerveau est évoquée par un potentiel externe, ce qui augmente son temps de réponse. Les fréquences appliquées dans cette thérapie sont de 5Hz et 10Hz. Jusqu'à présent, c'est la seule technique qui est considérée comme une solution efficace à long terme pour les patients [42] [43].

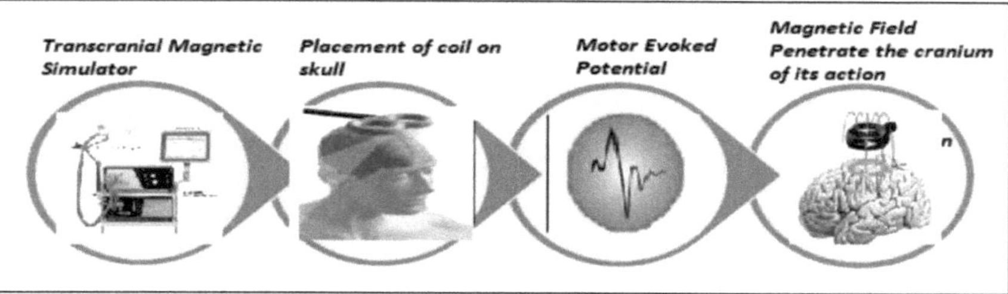

Figure 2.12Processus de stimulation transcrânienne

Une étude basée sur la SMTr [44] a montré que si la stimulation est administrée en continu, elle peut produire un effet à long terme en réduisant la spasticité musculaire et en améliorant les capacités cognitives. En pratique, le thérapeute fournit généralement au patient une stimulation SMTr de 5 à 10 Hz, tout en respectant les limites de sécurité, pendant une période de 2 à 3 semaines. Les résultats sont analysés avant et après le traitement par SMTr pour déterminer la réduction de la spasticité musculaire, ce qui rend le traitement plus souple et est considéré comme nettement meilleur que celui des patients qui ne reçoivent qu'une thérapie physique (PT) [43].

L'OXYGÉNOTHÉRAPIE HYPERBARE

En 1775, Joseph Priestley a découvert l'oxygène. Après cette découverte, certains rapports montrent les effets toxiques de l'oxygène hyperbare sur le SNC et les poumons, ce qui a entraîné l'arrêt des applications thérapeutiques jusqu'en 1937 [45]. Churchill-Davidson l'a utilisé pour améliorer la sensibilité radio des tumeurs en 1956 et l'a utilisé avec succès en chirurgie cardiaque [45]. Certaines preuves montrent qu'il est efficace dans les maladies cérébro-vasculaires [46]. Les expériences cliniques publiées montrent que l'utilisation de l'OHB chez les patients souffrant de troubles neurologiques ou de lésions cérébrovasculaires focales donne des résultats efficaces [47]. Bien que la recherche clinique ne soit pas très puissante en raison du manque d'essais de contrôle randomisés [46].

Comme nous le savons, l'oxygène est l'élément clé de la vie et de la guérison. Si le cerveau ne reçoit pas d'oxygène, il meurt en quelques secondes. Tous les types de maladies sont associés à un manque d'oxygène. Notre corps est composé d'eau qui contient 90% d'oxygène. La thérapie HBO délivre de l'oxygène pur dans une atmosphère pressurisée équivalente à environ 60 pieds sous le niveau de la mer, le LCR, les tissus et les cellules, inondant le sang d'oxygène. Lorsque la pression est appliquée, l'oxygène est dissous jusqu'à 15 fois dans le plasma sanguin. Dans la mesure où l'oxygène se dissout, une cellule peut se réparer plus rapidement et mieux fonctionner car l'oxygène est un anti-biotique naturel pour le corps [48].

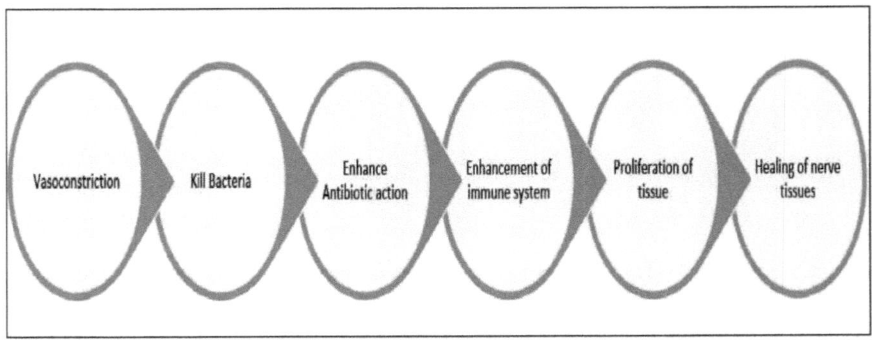

Figure 2.13 Processus de l'oxygénothérapie hyperbare

L'oxygène hyperbare améliore et stimule la fonction de guérison naturelle. Il renforce également la fonction immunitaire. Cette thérapie consiste à respirer de l'oxygène pur dans un tube ou une pièce [49]. L'OHB s'est avérée efficace dans les cas de traumatisme crânien et d'accident vasculaire cérébral (AVC) [50], de paralysie cérébrale, de maladie d'Alzheimer et de démence, d'asthme, etc. Cette thérapie est également utilisée pour guérir les infections graves, les plaies qui n'auraient pas pu guérir en raison de lésions dues aux radiations ou au diabète et les bulles d'air dans les vaisseaux sanguins.

TECHNIQUE DE NEUROFEEDBACK

Après la découverte de l'EEG en 1924, Joe Kamiya a popularisé le neuro-feedback ou biofeedback en 1960 [49]. Il a mené des expériences sur les ondes cérébrales alpha, qui ont été publiées en 1968 dans Psychology Today. Son expérience s'est déroulée en deux parties. Dans la première, un son est joué à un patient aux yeux fermés et on lui demande s'il est en alpha. Ensuite, le sujet répondait s'il avait raison ou tort. Au début, le sujet avait raison à environ cinquante pour cent, mais certains ont des problèmes pour différencier les états [51]. Dans un deuxième temps, on a demandé aux sujets d'être en état alpha à la sonnerie et de revenir de l'état alpha à la deuxième sonnerie. Encore une fois, certains sujets maîtrisent mieux les états et d'autres pas [51].

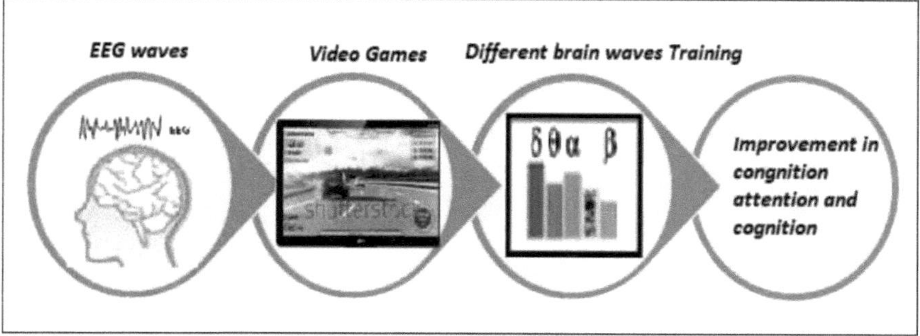

Figure 2.14 Processus de la thérapie de neurofeedback

Comme il est connu que les états alpha sont liés à l'état de relaxation et l'entraînement pour atteindre l'état alpha avait la possibilité d'aller dans un état de relaxation et de soulager le stress. Cependant, certaines études indiquent que l'état alpha ne semble pas toujours avoir un effet universel sur la réduction du stress [52].

TOXINE BOTULIQUE

Le BTX est une protéine neurotoxique présente dans la bactérie Clostridium botulinum [53]. Elle intercepte le flux du neurotransmetteur acétylcholine du neurone au point neuromusculaire et entraîne une paralysie flasque. La maladie causée par cette bactérie est connue sous le nom de botulisme. Cette toxine est utilisée en médecine et en recherche. Elle est injectée par voie intra-musculaire et agit sur les articulations des neurones musculaires pour libérer l'acétylcholine [54]. Un produit chimique provoqué par cette toxine entraîne une dénervation des fibres musculaires extra et intra-fusculaires, et son effet est réversible [55]. Les effets de cette toxine se manifestent dans les 24 à 72 heures et peuvent durer de 2 à 6 mois, selon les doses administrées. Elle aide à réduire la douleur et les spasmes. Une faiblesse excessive est le principal effet secondaire du muscle traité.

TECHNIQUES CHIRURGICALES

Elle n'est appliquée que lorsque la spasticité ne peut être soulagée par aucun exercice oral ou physique. Elle implique une rhizotomie de la racine spinale sensorielle pour perturber l'entrée sensorielle ou l'ablation du motoneurone [56].

L'ablation des neurones moteurs est efficace lorsque la spasticité est innervée par un tronc nerveux et est généralement choisie dans la suppression sans être la raison d'une faiblesse musculaire excessive. Elle préserve 25% des fibres motrices et est nécessaire pour gérer le tonus musculaire (Sleigh G, 2004). La gastroplastie est une méthode dans laquelle un tube est inséré à travers l'abdomen dans l'estomac qui est utilisé pour le drainage ou l'alimentation. Cette chirurgie est destinée aux patients qui ont des problèmes d'alimentation ou de drainage [57].

3.1 Matériel informatique

Le système Nexus 10 Neurofeedback, Canada avec logiciel intégré et capacité d'analyse des données a été utilisé pour l'étude.

Le système Nexus 10 fournit 4 canaux EEG. Il peut être utilisé pour l'acquisition de signaux EEG, EMG, ECG et EOG. Le système dispose d'entrées analogiques différentielles isolées et de quatre entrées numériques isolées. Chaque canal analogique a un gain variable indépendant et une tension d'alimentation variable indépendante qui peut être utilisée comme alimentation de pont ou de capteur. Il se compose d'une unité patient, également appelée unité sujet, connectée à une unité d'interface, appelée unité de base, qui est ensuite connectée à un PC.

Il est livré avec un logiciel associé qui permet de consigner, d'enregistrer et de sauvegarder les données à des fins d'analyse. Le logiciel dispose d'une zone d'affichage pour visualiser les traces. Nous pouvons choisir le nombre de traces à afficher en fonction du nombre de canaux connectés aux capteurs. Par défaut, tous les canaux connectés seront affichés. L'interface du logiciel Nexus 10 permet de désactiver n'importe quelle trace et d'activer uniquement celle qui nous intéresse.

Une fois que l'appareil est connecté à l'ordinateur et que le logiciel Nexus 10 est chargé, l'unité de base fait clignoter son indicateur. Les entrées analogiques peuvent être réglées à l'aide d'une option prévue à cet effet. La boîte de dialogue des entrées analogiques permet de choisir facilement les paramètres de chaque canal et d'ajuster les paramètres des filtres numériques individuels (préréglage) en conséquence. Une fois les paramètres d'entrée définis, les valeurs d'entrée sont affichées sous forme numérique dans la boîte de dialogue des valeurs d'entrée. La trace peut être visualisée lorsque nous sélectionnons l'option "start recording" et jusqu'à ce qu'elle soit terminée par le timer ou en choisissant l'option "stop recording". Comme la trace se déplace vers la gauche toutes les 2,5 secondes, cet affichage change toutes les 2,5 secondes.

Les données enregistrées peuvent être sauvegardées dans un fichier journal (.log) ou exportées dans un fichier texte délimité par des tabulations (.txt), qui peut être facilement importé dans MATLAB pour être traité. La prétention du dispositif à exporter les données en temps réel vers un logiciel tiers comme MATLAB n'a pas pu être réalisée, probablement en raison de la version de MATLAB utilisée. Cela reste une limitation pour effectuer le traitement des données en temps réel, ce qui aurait pu ajouter plus de pertinence pratique à cette étude.

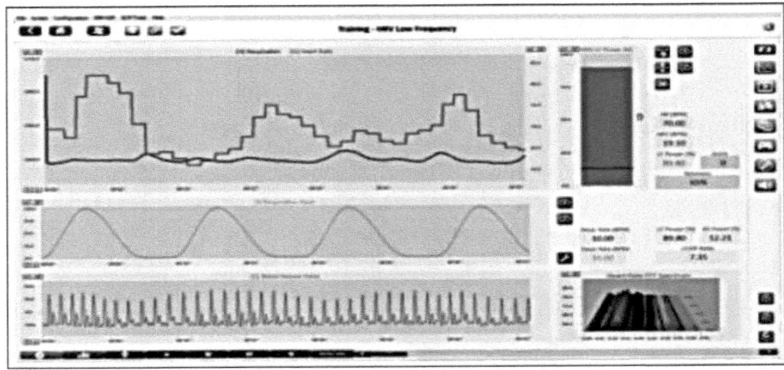

Figure 3.1 L'interface du logiciel d'acquisition de données

Le matériel de Neurofeedback Nexus 10 se compose de deux unités principales, d'une alimentation et de quelques câbles de connexion. Le schéma suivant montre comment ces éléments doivent être connectés entre eux, puis à un PC.

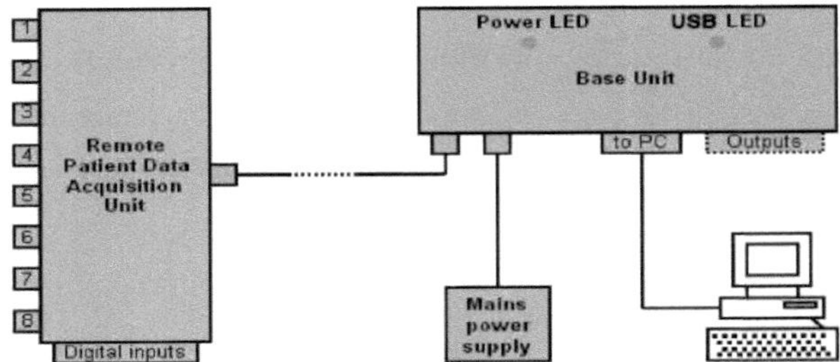

Figure 3.2 Composants du système d'acquisition de données

3.1.1 Capteur EEG

Les ondes EEG sont mesurées à l'aide d'un électroencéphalographe. Il s'agit d'un appareil de mesure de signaux bio-médicaux. Il lit les signaux du cuir chevelu du cerveau. Ces signaux sont importants pour les neurologues car ils donnent une description détaillée du patient. La bande EEG est comprise entre 1 et 50 Hz. Le cerveau humain possède un système conducteur spécialisé qui lui permet de se détendre et de se contracter de manière coordonnée. Au moment de l'enregistrement, les signaux EEG comportent des bruits et des artefacts supplémentaires. Ces artefacts sont causés par les mouvements musculaires, le rythme cardiaque, etc. sont des artefacts internes. Certains bruits parasites dus à la ligne électrique, à l'emplacement des électrodes, etc. sont des bruits ou artefacts externes. Ces EEG enregistrés sont utilisés pour évaluer les troubles du cerveau. Cela permet de différencier le signal EEG des ondes cérébrales normales et anormales. Il existe cinq ondes caractérisées dans les ondes cérébrales : Alpha (7-14 Hz), Delta (0,5-4 Hz), Beta (14-40 Hz), Theta (47,5 Hz) et Gamma (plus de 40 Hz). Toutes ces ondes ont une amplitude très faible, c'est pourquoi le bruit affecte très facilement ces signaux [58].

. Le placement du capteur est effectué en utilisant la méthode 10-20 pour acquérir les signaux EEG du cerveau humain, comme le montre la figure 3.3 :

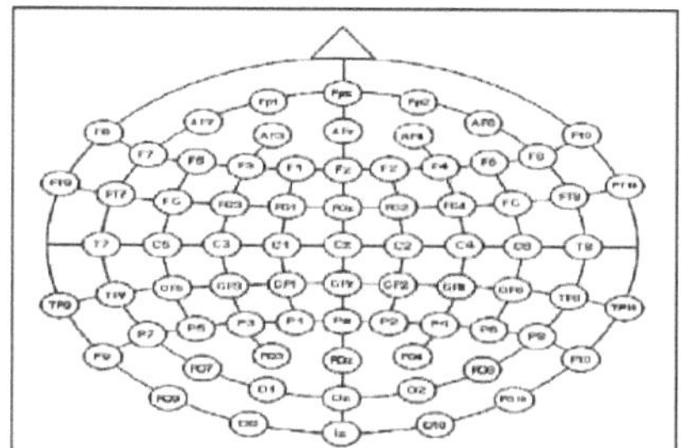

Figure 3.3Position de l'électrode sur le cuir chevelu humain

Les signaux EEG acquis sont traités à l'aide du logiciel MATLAB. La fenêtre de suppression du bruit a été conçue sur le logiciel MATLAB et le signal traité est vu après la suppression du bruit.

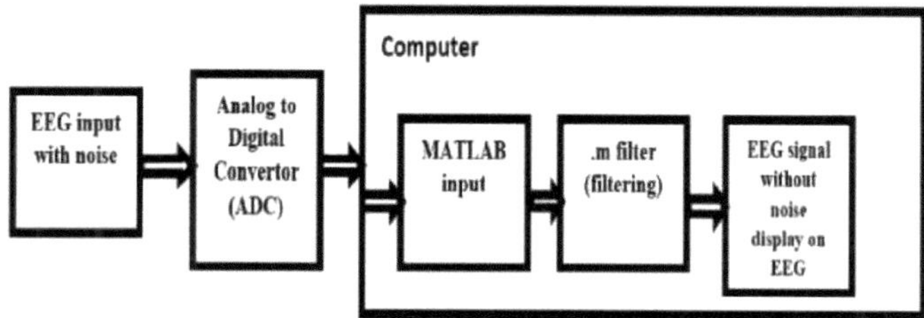

Figure 3.4 Diagramme à blocs du traitement du signal

La conception du filtre est effectuée dans MATLAB, à partir d'un signal EEG brut qui passe par un convertisseur analogique-numérique. Le signal est ensuite transmis à l'ordinateur où le traitement MATLAB est effectué pour traiter et comprendre les caractéristiques du signal. Les données enregistrées à partir de 4 électrodes ayant 58201 échantillons, le canal 4, la fréquence d'échantillonnage de 200 Hz et la durée totale du signal est de 4,8501 secondes sont présentées dans la figure 3.5. Après avoir appliqué les algorithmes, nous obtenons les données traitées à l'échelle de 141,4 (figure 3.6).

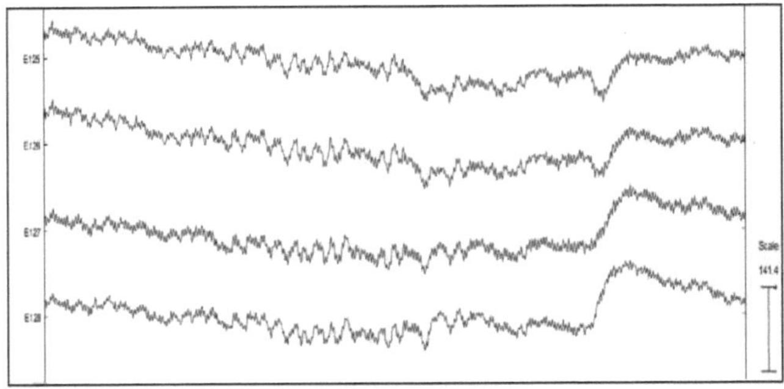

Figure 3.5 Données EEG brutes

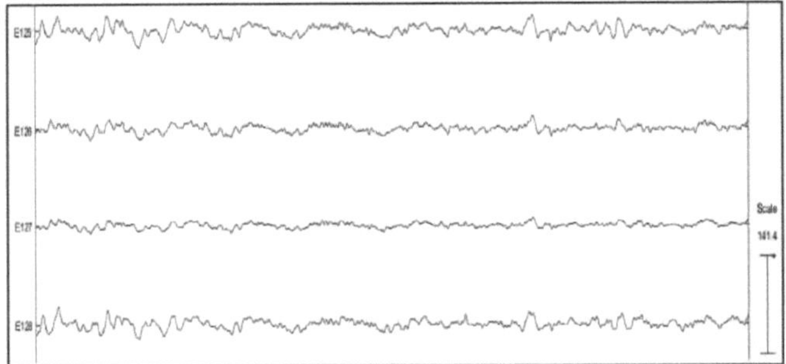

Figure 3.6 Données EEG traitées

Chaque algorithme est appliqué sur le même signal EEG enregistré et les résultats sont comparés sur la base du SNR (rapport signal/bruit). Le SNR de l'onde EEG bruyante brute est présenté dans le tableau 1 et le tableau 2 montre les résultats du signal EEG non bruyant.

Tableau 1 Calcul du SNR à l'entrée

Trial	WT	AF	EMD	Threshold
1	-13.113	-13.119	-13.444	-13.023
2	-13.126	-13.006	-13.563	-13.116
3	-13.022	-13.012	-13.116	-13.103

Tableau 2 Calcul du SNR à la partie sortie

Trial	WT	AF	EMD	Threshold
1	-29.613	-29.549	-30.36	-26.403
2	-29.516	-29.506	-30.276	-26.107
3	-29.622	-26.512	-30.301	-26.113

Lors de l'enregistrement de l'EEG à partir du cuir chevelu à l'aide d'électrodes, divers bruits s'ajoutent à celui-ci. Ces bruits peuvent être dus à l'environnement physique ou à des perturbations internes, comme le mouvement des yeux dans les directions verticale et horizontale, ou encore des artefacts musculaires sous forme d'EMG. Pour utiliser ces signaux EEG dans n'importe quel circuit pratique, nous ne voulons pas d'un signal corrompu car il dévierait l'objectif du système. C'est la raison de l'introduction de ces méthodes de débruitage. Les quatre méthodes ont été appliquées aux signaux EEG et les résultats ont été comparés. Sur la base du SNR, nous avons comparé les résultats et dans cette comparaison, la méthode de débruitage basée sur l'EMD montre des résultats très efficaces en raison du bruit minimum.

3.1.2 *Architecture d'acquisition de données*

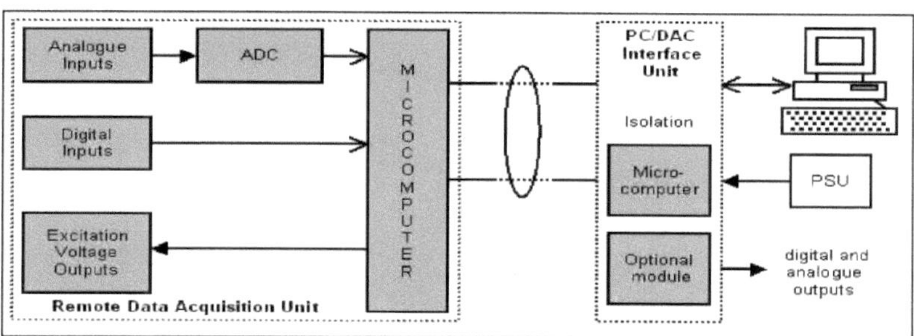

Figure 3.7 Conception de l'architecture du DAQ

Les principales caractéristiques de ce DAQ sont les suivantes :

• L'amplification utilise des amplificateurs d'instrumentation polyvalents à commande numérique de gain.

• La conversion de l'analogique au numérique a lieu le plus tôt possible.

• Toutes les opérations de calibrage et de mise à zéro sont effectuées numériquement - pas de potentiomètres de calibrage.

• Tensions de sortie d'excitation sélectionnables numériquement

• Transmission numérique depuis l'unité d'acquisition de données à distance.

• Isolation assurée par une isolation numérique de la liaison de communication et un module DCDC isolé.

• Les sorties analogiques sont produites en convertissant les données numériques provenant de l'unité d'acquisition de données à distance.

• L'interface utilisateur est fournie par le PC uniquement - pas de clavier ou d'écran à distance.

3.2 Choix de la position du cuir chevelu

En raison de la surveillance de l'état du moteur et des mouvements musculaires, la partie du cerveau qui a été sélectionnée est le cortex DLPF. Ce dispositif contient un système numérique Neuro-EMG-MS à deux canaux, pour déterminer le seuil moteur, et un stimulateur pour fournir des impulsions magnétiques au patient. Pour déterminer le seuil moteur, une bobine magnétique a été placée sur le crâne à l'origine du dermatome C3[6] (figure 3.7). Une seule impulsion de stimulation transcrânienne est délivrée à la région C3, ce qui déclenche le mouvement du muscle ABP. Lorsqu'une impulsion unique de TMS est délivrée par une bobine magnétique sur le crâne, elle stimule le site cible par l'intermédiaire d'un neurone efférent, qui se déplace vers la moelle épinière des dermatomes de référence et produit le mouvement de contraction du muscle ABP.

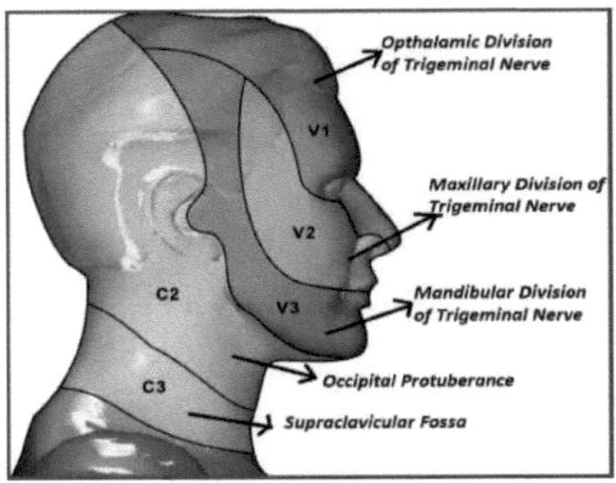

Figure 3.8 Carte du dermatome

La bobine de SMTr crée un champ magnétique de 4 Tesla au milieu de la bobine, de sorte que lorsqu'elle est placée sur la surface de la tête, elle commence à pénétrer dans la boîte crânienne et pénètre dans les tissus mous pour exciter les neurones moteurs du cerveau. Dans cette recherche, le cortex moteur primaire est la principale zone d'intérêt, car il s'agit du centre du signal moteur, et la bobine est donc placée sur lui.

3.2.1 *Placement des électrodes*

Le placement des électrodes est l'un de ces facteurs. Le placement des électrodes sur la surface du cuir chevelu doit donc être fait très soigneusement afin d'obtenir des résultats cohérents. Dans la figure 3.8, F3 F4 et C3 C4 ont été utilisés pour la collecte des données.

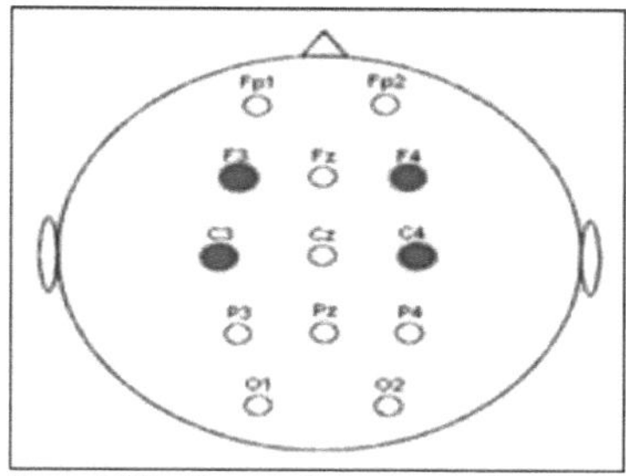

Figure 3.9 Position des électrodes pour l'expérience

3.3 Procédure expérimentale

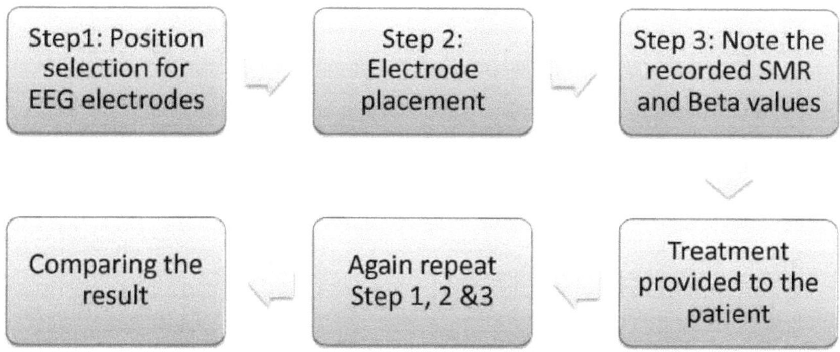

Figure 3.10 Étapes de la procédure expérimentale

Trente-six participants diagnostiqués comme ayant une infirmité motrice cérébrale spastique par des neurologues et des

médecins consultants

ont été recrutés dans le service de consultations externes de l'UDAAN pour les personnes souffrant de handicaps différents,

Delhi après approbation éthique de l'institut parent. Les patients, qui répondaient aux critères d'inclusion de l'étude, ont participé à cette recherche après avoir donné leur accord écrit ou celui de leurs parents/tuteurs. Ces patients ont été répartis de manière égale en trois groupes de douze (12) chacun. Le premier groupe (groupe A) de 12 patients n'a reçu que de la PT, le groupe suivant (groupe B) de 12 patients a reçu une SMTr 5Hz + PT et le dernier groupe (groupe C) de 12 patients a reçu une SMTr 10Hz + PT pendant 2 semaines. Leurs caractéristiques démographiques sont présentées dans le tableau 1.

Tableau 3 Caractéristiques démographiques des participants

Variables	Group A	Group B	Group C
Age±SD (years)	8.59±4.81	8.33±4.33	7.24±5.01
Height±SD (cm)	107.00±24.80	114.71±26.93	118.17±15.99
Weight±SD (Kg)	21.58±15.62	27.14±10.50	25.67±13.85
Sex			
M : F	08:04	07:05	08:04
CP type			
Hemiplegic	4	3	3
Diplegic	5	6	5
Quadriplegic	3	3	4
Age group			
2-6 years	4	5	5
7-11 years	6	5	5
12-16 years	2	2	2

Critères d'inclusion

- Participation volontaire à la recherche
- Âge compris entre 2 et 16 ans
- Le QI du participant était nul à modéré
- Tensions musculaires <1 sur l'échelle modifiée d'Ashworth.
- Crises contrôlées.

Critères d'exclusion

- Tout implant métallique
- Maladie infectieuse
- Tout trouble congénital, par exemple le syndrome de Down, le syndrome de l'X fragile, etc.
- Crises d'épilepsie non contrôlées
- Situation physique instable
- Problème de métal grave

1.4 Dispositif de stimulation

Un dispositif de stimulation magnétique transcrânienne (TMS) a été utilisé dans l'étude pour fournir un train d'impulsions magnétiques répétitif en utilisant le Neuro-MS/D Variant-2 thérapeutique (Neurosoft, Russie) ayant une bobine angulaire en forme de 8 AFEC-02-100-C. Cet appareil contient un système numérique Neuro-EMG-MS à deux canaux, pour déterminer le seuil moteur (MT), qui est indiqué en observant l'intensité de la stimulation par la contraction du muscle abducteur pollices brevis (APB) [59] droit de la main du sujet, et un stimulateur pour fournir des impulsions magnétiques au cortex préfrontal dorsolatéral gauche (DLFPC) [60] du cerveau du patient, ce n'est pas une structure anatomique mais plutôt une structure fonctionnelle, c'est pourquoi elle a été choisie pour le traitement par SMTr. Il s'agit de l'une des parties du cerveau humain ayant évolué le plus récemment. Il subit une période prolongée de maturation qui dure jusqu'à l'âge adulte. La bobine de SMTr crée un champ magnétique de 4 Tesla dans la région centrale de la bobine, de sorte que lorsqu'elle est placée sur la surface de la tête, elle commence à pénétrer dans le crâne et entre dans la région des tissus mous pour exciter les neurones moteurs du cerveau. Dans cette recherche, le cortex moteur primaire est la principale zone d'intérêt, car il s'agit du centre du signal moteur, et la bobine est donc placée sur lui. Le dispositif est illustré ci-dessous (figure 1) :

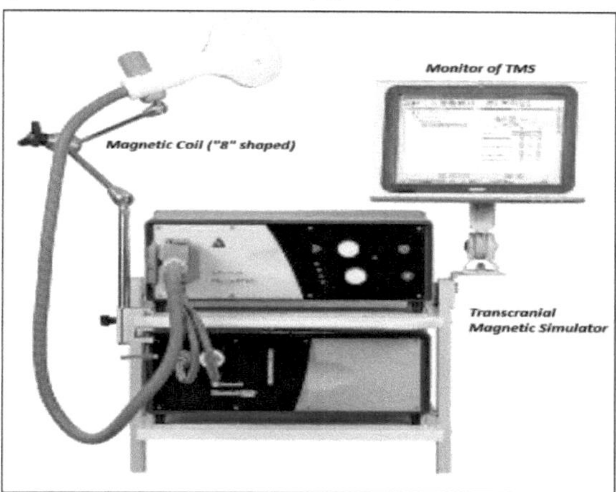

Figure 3.11 Simulateur magnétique transcrânien

1.5 Traitement du signal

Les ondes cérébrales sont un outil très souple pour la détection de différents types de troubles et de maladies neurologiques. Mais au moment de l'enregistrement des données, divers bruits indésirables sont ajoutés aux données. Cela est dû à l'interférence de la ligne électrique, à l'errance de la ligne de base, aux artefacts musculaires, au mouvement de l'électrode, etc. Ces signaux supplémentaires produisent des obstacles à l'analyse des signaux, ce qui n'est pas acceptable. Pour réduire ces bruits, il existe plusieurs techniques de traitement des signaux bruyants. Dans ce chapitre, nous étudions différentes techniques de fenêtres pour l'élimination du bruit à haute fréquence du signal EEG. Ces techniques sont les suivantes : technique de débruitage basée sur les ondelettes, technique de seuillage, technique de débruitage basée sur la décomposition en mode empirique et algorithme de filtre adaptatif.

1.5.1 *Simulation Matlab*

Charger le signal EEG enregistré

```
>> load SMR
>> [p,tbl,stats] = anova1(SMR);
>> tbl

tbl =

  'Source'    'SS'         'df'    'MS'        'F'         'Prob>F'
  'Columns'   [31.5000]    [ 2]    [15.7500]   [41.5800]   [9.5950e-10]
  'Error'     [12.5000]    [33]    [ 0.3788]   []          []
  'Total'     [    44]     [35]    []          []          []

>> Fstat = tbl{2,5}

Fstat =

   41.5800

>> figure(2)
>> multcompare(stats)

ans =

   1.0000   2.0000   0.8835   1.5000   2.1165   0.0000
   1.0000   3.0000   1.6335   2.2500   2.8665   0.0000
   2.0000   3.0000   0.1335   0.7500   1.3665   0.0143
```

4.1 Analyse statistique

L'analyse des valeurs pré et post SMR et des ondes bêta de chaque groupe a été analysée à l'aide d'un box plot. L'analyse a été effectuée sur la base de l'amplitude. La moyenne et l'écart-type ont été considérés pour cette comparaison. Toutes les analyses statistiques ont été effectuées sur la plateforme MATLAB 2015a. L'outil utilisé pour l'analyse statistique est l'ANOVA. L'ANOVA est l'analyse de la variance et de la covariance. Elle permet d'effectuer des analyses paramétriques et non paramétriques. Dans cette étude, l'ANOVA à deux voies avec une conception équilibrée est utilisée. Comme le résultat qui est nécessaire, la différence de groupe ou l'intervention entre les groupes. L'ANOVA à une voie est donc la meilleure option.

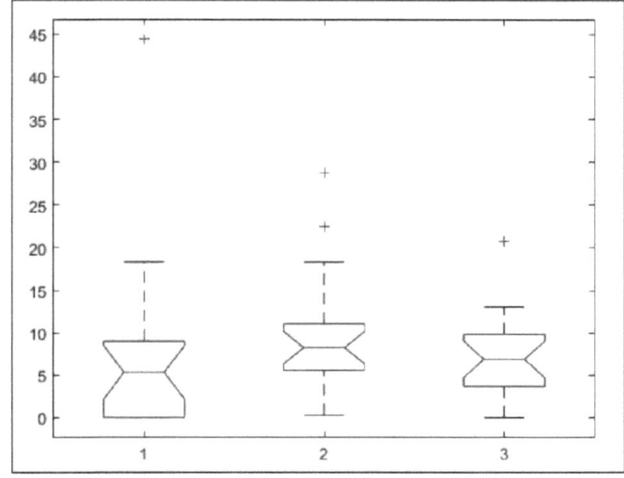

Figure 4.1 Tableau d'ANOVA formé à l'aide de MATLAB

Figure 4.2 Le boxplot montre le résultat de l'analyse statistique.

Dans la figure 4.2, le boxplot ne pourra pas montrer qu'il y a une différence dans la moyenne des trois traitements. Nous devons donc analyser plus avant si les traitements présentent des différences ou non. Bien qu'il n'y ait pas beaucoup de différence comme le montre la figure 4.4, nous pouvons poursuivre la comparaison en raison de la valeur p significative. La valeur p est de $9{,}59e^{-10}$ et la valeur F est de 41,58, ce qui fait que la valeur p est très faible, tous les détails sont dans la figure 4.1. Bien que nous ne puissions pas conclure qu'il y a une différence significative entre les traitements. Ainsi, pour une comparaison plus poussée, nous avons les résultats présentés dans la figure 4.3. Les résultats montrent que parmi les trois groupes, deux groupes ont des moyennes significativement différentes du groupe 1.

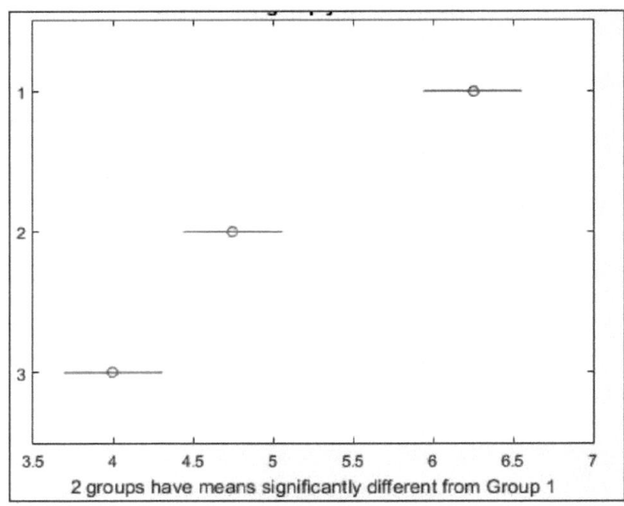

La figure 4.3 montre le résultat final selon lequel l'hypothèse sur laquelle l'étude est menée est vraie en utilisant l'ANOVA à sens unique.

Les mêmes observations ont été faites pour les valeurs bêta et les résultats que nous avons sont montrés comme suit dans les figures 4.4, 4.5, 4.6.

File	Edit	View	Insert	Tools	Desktop	Window	Help

ANOVA Table

Source	SS	df	MS	F	Prob>F
Columns	14.5417	2	7.27083	3.31	0.0489
Error	72.4583	33	2.19571		
Total	87	35			

Figure 4.4 Tableau d'ANOVA pour les observations bêta

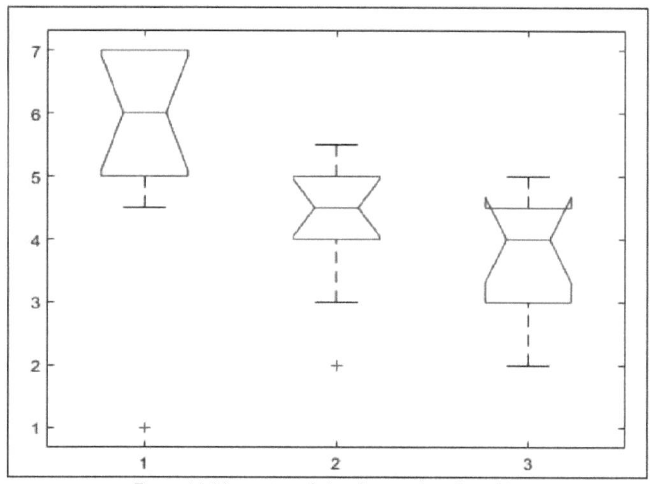

Figure 4.5 Observations de boxplot pour les valeurs bêta

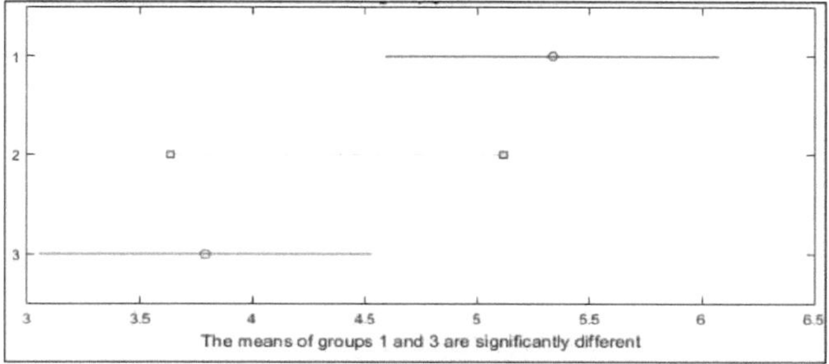

Figure 4.6 Comparaison entre les trois groupes

La figure 4.8 montre clairement que le groupe 3 présente une plus grande différence par rapport au groupe A et que les groupes A et B ne présentent pas de grande différence. Cela montre que la thérapie par SMTr 10 Hz joue un rôle majeur dans la variation des valeurs bêta. Nous savons que les valeurs bêta sont responsables de la spasticité musculaire.

Les données ont été enregistrées à partir du lobe frontal, avec le placement des électrodes comme indiqué sur la figure 3.8. Les électrodes ont été placées selon le système international de montage 10-20. Les électrodes F3, F4 et C3, C4 ont été sélectionnées pour l'enregistrement de l'EEG ; la référence a été placée à la mastoïde droite. Les résultats des groupes ont révélé que la médiane du SMR et les valeurs bêta montraient une amélioration dans le groupe B plus que dans le groupe A et le groupe C a montré de meilleurs résultats que le groupe B. Les résultats (fig 4.2) ont montré que la TMS répétée à la fréquence de 10 Hz a montré une amélioration du comportement cognitif et de meilleurs résultats que l'administration de la fréquence de 5 Hz. Dans le cas des valeurs bêta, les résultats ont montré la même déviation dans chaque groupe et ont prouvé que l'amélioration bêta était plus importante dans le groupe C qui a reçu la SMTr 10 Hz. Les résultats sont présentés dans le tableau 2.

Les résultats (fig. 4.5) ont montré que l'écart dans le groupe A était plus important que dans les groupes B et C, car la médiane de la valeur de l'écart type est inférieure dans le groupe C, comme le montre le tableau 2. Cela est dû à l'amélioration de la condition des enfants atteints de paralysie cérébrale, l'application de la SMTr 10 Hz ayant permis d'améliorer la motricité et la spasticité des participants. Le groupe A a montré des résultats moins concentrés, le boxplot variant vers des valeurs aberrantes, car ces patients n'ont reçu qu'une thérapie physique et aucune SMTr n'a été appliquée à ce groupe. Cela montre que les activités motrices ne se sont pas améliorées, ce qui a entraîné une augmentation de la valeur du SMR et du bêta. Pour les sujets du groupe B, la concentration était plus proche des valeurs médianes dans le box plot et l'écart type était plus faible par rapport au groupe A, ce qui montre que la SMTr à la fréquence de 5 Hz s'est avérée plus efficace que l'administration de séances de physiothérapie uniquement dans le groupe A. Le groupe C a montré des résultats plus concentrés et plus stables dans le box plot que les deux groupes, ce qui indique une amélioration supplémentaire des valeurs SMR et bêta. Cela signifie que les variations du SMR et du bêta sont stables et irréversibles dans le cas de la SMTr 10 Hz et que le 5 Hz a une stabilité moindre par rapport au groupe C mais supérieure à celle du groupe A.

Tableau 4 Écart entre la moyenne et l'écart-type

Variable	Group A	Group B	Group C
SMR (Mean)	8.235	7.64	7.58
Beta (Mean)	7.83	7.26	6.46
SMR (STDEV)	10.34	5.17	4.07
Beta (STDEV)	8.735	4.66	4.55

Cette étude s'est appuyée sur les travaux antérieurs sur la SMTr menés par divers groupes de recherche et par le groupe de l'université mère, qui ont présenté des faits similaires, à savoir que la stimulation administrée au cerveau de façon répétée entraîne des changements durables dans le fonctionnement du cerveau et des effets thérapeutiques potentiels [42] [61] [62] [63]. Lorsque la SMTr stimule la zone du cortex moteur à haute fréquence (entre 5 et 10 Hz), elle facilite les fonctions motrices chez les humains et les animaux. Kumru et al. présentent une étude sur l'amélioration de la capacité motrice et du schéma de marche en combinant la rééducation et la haute fréquence par rapport à la rééducation seule [64]. Un rapport similaire a été présenté par Elkholy et al. avec de meilleurs schémas de marche chez les patients victimes d'un AVC [65]. Bien que Mally et Dinya aient montré des résultats similaires concernant l'amélioration des extrémités parétiques par l'utilisation de la SMTr chez des patients souffrant d'un accident vasculaire cérébral après l'échec des techniques de récupération traditionnelles [66].

À partir des preuves ci-dessus dans la littérature examinée concernant l'amélioration du fonctionnement moteur, nous avons mené cette recherche chez des enfants atteints de paralysie médullaire spastique pour évaluer leur réponse sensori-motrice et les ondes bêta dans la zone du lobe frontal du cerveau, car elle est responsable des fonctions motrices et sensorielles chez les humains. La partie gauche du lobe frontal est la zone motrice primaire et la partie droite est la zone somatosensorielle primaire. Les résultats de notre étude démontrent l'efficacité de la SMTr sur la base de l'amélioration des valeurs SMR et bêta chez les enfants atteints de PC. On peut donc en conclure que l'application de la SMTr à haute fréquence avant le traitement physique peut entraîner une amélioration significative des fonctions motrices, des changements cognitifs et de la spasticité musculaire. L'amélioration de l'activité motrice des patients peut être attribuée à la diminution significative de la spasticité musculaire des parties supérieures et inférieures du corps grâce aux effets stimulants de la SMTr [61].

[1] Arya, K.N., 2016. Mécanismes neuronaux sous-jacents de la thérapie miroir : Implications pour la rééducation motrice dans les accidents vasculaires cérébraux. *Neurology India, 64*(1), p.38.

[2] Kropotov, J.D., 2010. *EEG quantitatif, potentiels liés aux événements et neurothérapie.* Academic Press.

[3] Rajak, B.L., Gupta, M., Bhatia, D. et Mukherjee, A., 2017. Effet de la stimulation magnétique transcrânienne répétitive sur la fonction de la main des enfants atteints de paralysie cérébrale spastique. *J Neurol Disord, 5*(329), p.2.

[4] Gupta, M. et Bhatia, D., 2016. Étude comparative des ondes alpha et thêta entre des patients normaux et des patients atteints de paralysie cérébrale. *IJBB, 12*, p.15.

[5] Niedermeyer, E. et da Silva, F.L. eds., 2005. *Electroencephalography : basic principles, clinical applications, and related fields.* Lippincott Williams & Wilkins.

[6] Lalo, E., Gilbertson, T., Doyle, L., Di Lazzaro, V., Cioni, B. et Brown, P., 2007. Phasic increases in cortical beta activity are associated with alterations in sensory processing in the human. *Experimental brain research, 177*(1), pp.137-145.

[7] Ethier, C. et Miller, L.E., 2015. La stimulation musculaire contrôlée par le cerveau pour la restauration de la fonction motrice. *Neurobiologie de la maladie, 83*, pp.180-190.

[8] Kutz, M., 2003. *Standard handbook of biomedical engineering and design* (pp. 8-1). New York : McGraw-Hill.

[9] Rajak, B.L., Gupta, M. et Bhatia, D., 2015. Croissance et avancées dans le contrôle neuronal des membres. *Biomedical Science, 3*(3), pp.46-64.

[10] Hollerbach, J.M., 1982. Computers, brains and the control of movement. *Trends in Neurosciences, 5*, pp.189-192.

[11] Schmidt, R.A., 1975. A schema theory of discrete motor skill learning. *Psychological review, 82*(4), p.225.

[12] Feldman, A.G., 1986. Once more on the equilibrium-point hypothesis (X model) for motor control. *Journal of motor behavior, 18*(1), pp.17-54.

[13] Todorov, E., 2004. Optimality principles in sensorimotor control. *Nature neuroscience, 7*(9), p.907.

[14] Dounskaia, N., 2010. Contrôle des mouvements des membres humains : l'hypothèse de l'articulation directrice et ses applications pratiques. *Exercise and sport sciences reviews, 38*(4), p.201.

[15] Smith, J.L. et Zernicke, R.F., 1987. Predictions for neural control based on limb dynamics. *Trends in Neurosciences, 10*(3), pp.123-128.

[16] Kearney, R.E. et Hunter, I.W., 1990. System identification of human joint dynamics. *Critical reviews in biomedical engineering, 18*(1), pp.55-87.

[17] Mulert, C. et Lemieux, L. eds. 2009. *EEG-IRM : base physiologique, technique et applications.* Springer Science & Business Media.

[18] Bruce, L.M., 1999. Bioelectric potentials. *IEEE Potentials, 17*(5), pp.5-8.

[19] Sanei, S. et Chambers, J.A., 2013. *Traitement du signal EEG.* John Wiley & Sons.

[20] Crespel, A. et Gelisse, P., 2005. *Atlas de l'électroencéphalographie : EEG de l'éveil et du sommeil : procédures d'activation et artefacts* (Vol. 1). John Libbey Eurotext.

[21] Budzynski, T.H., Budzynski, H.K., Evans, J.R. et Abarbanel, A. eds., 2009. *Introduction à l'EEG quantitatif et au neurofeedback : Advanced theory and applications.* Academic Press.

[22] Ochoa, J.B., 2002. Classification des signaux EEG pour les applications d'interface cerveau-ordinateur. *Ecole Polytechnique Federale De Lausanne, 7*, pp.1-72.

[23] Adeli, H. et Ghosh-Dastidar, S., 2010. *Diagnostic automatisé des troubles neurologiques basé sur l'EEG : Inventer l'avenir de la neurologie.* CRC press.

[24] Tong, S. et Thakor, N.V., 2009. *Méthodes d'analyse quantitative de l'EEG et applications cliniques.* Artech House.

[25] Bronzino, J.D., 1999. *Biomedical engineering handbook* (Vol. 2). CRC press.

[26] Nyquist, H., 1932. Théorie de la régénération. *Bell Labs Technical Journal, 11*(1), pp.126-147.

[27] Ericsson, K.A., 2003. Exceptional memorizers : made, not born. *Trends in Cognitive Sciences, 7*(6), pp.233-235.

[28] Minor, M.A., 1991. La facilitation neuromusculaire proprioceptive et l'approche de Rood. Dans *Contemporary Management of Motor Control Problems : Proceedings of the II Step Conference.*

Alexandria, Va : Foundation for Physical Therapy.

[29] O'Sullivan, S.B., Schmitz, T.J. et Fulk, G., 2013. La *réadaptation physique*. FA Davis.

[30] Fugl-Meyer, A.R., Jaasko, L., Leyman, I., Olsson, S. et Steglind, S., 1975. Le patient hémiplégique post-AVC. 1. Une méthode d'évaluation de la performance physique. *Scandinavian journal of rehabilitation medicine, 7*(1), pp.13-31.

[31] Brunnstrom, S., 1970. La thérapie du mouvement dans l'hémiplégie. *Une approche neurophysiologique*, pp.113-122.

[32] BOBATH, C., Association internationale de formation des instructeurs de Bobath.

[33] Paci, M., 2003. Physiothérapie basée sur le concept de Bobath pour les adultes atteints d'hémiplégie post-AVC : une revue des études d'efficacité. *Journal of rehabilitation medicine, 35*(1), pp.27.

[34] Platz, T., Eickhof, C., Van Kaick, S., Engel, U., Pinkowski, C., Kalok, S. et Pause, M., 2005. Impairment-oriented training or Bobath therapy for severe arm paresis after stroke : a single-blind, multicentre randomized controlled trial. *Clinical rehabilitation, 19*(7), pp.714724.

[35] Lennon, S. et Ashburn, A., 2000. The Bobath concept in stroke rehabilitation : a focus group study of the experienced physiotherapists' perspective. *Disability and rehabilitation, 22*(15), pp.665-674.

[36] Flor, H., 2008. Maladaptive plasticity, memory for pain and phantom limb pain : review and suggestions for new therapies. *Expert review of neurotherapeutics, 8*(5), pp.809-818.

[37] Moseley, G.L. et Flor, H., 2012. Cibler les représentations corticales dans le traitement de la douleur chronique : une revue. *Neurorehabilitation and neural repair, 26*(6), pp.646-652.

[38] Deconinck, F.J., Smorenburg, A.R., Benham, A., Ledebt, A., Feltham, M.G. et Savelsbergh, G.J., 2015. Réflexions sur la thérapie par le miroir : une revue systématique de l'effet du retour visuel du miroir sur le cerveau. *Neurorehabilitation and Neural Repair, 29*(4), pp.349-361.

[39] Horvath, J.C., Perez, J.M., Forrow, L., Fregni, F. et Pascual-Leone, A., 2011. La stimulation magnétique transcrânienne : une évaluation historique et un pronostic futur des préoccupations éthiques pertinentes sur le plan thérapeutique. *Journal of medical ethics, 37*(3), pp.137-143.

[40] Mayadev, A.S., Weiss, M.D., Distad, B.J., Krivickas, L.S. et Carter, G.T., 2008. Le centre de sclérose latérale amyotrophique : un modèle de prise en charge multidisciplinaire. *Physical Medicine and Rehabilitation Clinics, 19*(3), pp.619-631.

[41] Nojima, K., Katayama, Y. et Iramina, K., 2013, juillet. Prédire l'effet de la SMTr pour décider des paramètres de stimulation. Dans *Engineering in Medicine and Biology Society (EMBC), 2013 35th Annual International Conference of the IEEE* (pp. 6369-6372). IEEE.

[42] Gupta, M., Rajak, B.L., Bhatia, D. et Mukherjee, A., 2016. La thérapie de stimulation magnétique transcrânienne chez les enfants atteints de paralysie cérébrale spastique améliore l'activité motrice. *J Neuroinfect Dis, 7*(231), p.2.

[43] Rajak, B.L., Gupta, M., Bhatia, D. et Mukherjee, A., 2017. Effet de la stimulation magnétique transcrânienne répétitive sur la fonction de la main des enfants atteints de paralysie cérébrale spastique. *J Neurol Disord, 5*(329), p.2.

[44] Maeda, F., Keenan, J.P., Tormos, J.M., Topka, H. et Pascual-Leone, A., 2000. Modulation de l'excitabilité corticospinale par la stimulation magnétique transcrânienne répétitive. *Clinical Neurophysiology, 111*(5), pp.800-805.

[45] Fischer, B.R., Palkovic, S., Holling, M., Wolfer, J. et Wassmann, H., 2010. Rationale of hyperbaric oxygenation in cerebral vascular insult. *Current vascular pharmacology, 8*(1), pp.35-43.

[46] Michalski, D., Hartig, W., Schneider, D. et Hobohm, C., 2011. Utilisation de l'oxygène normobarique et hyperbare dans l'ischémie cérébrale focale aiguë-une revue préclinique et clinique. *Acta Neurologica Scandinavica, 123*(2), pp.85-97.

[47] Weaver, L.K., Hopkins, R.O., Chan, K.J., Churchill, S., Elliott, C.G., Clemmer, T.P., Orme Jr, J.F., Thomas, F.O. et Morris, A.H., 2002. L'oxygène hyperbare pour l'empoisonnement aigu au monoxyde de carbone. *New England Journal of Medicine, 347*(14), pp.1057-1067.

[48] Société de médecine sous-marine et hyperbare. Comité de l'oxygène hyperbare et Gesell, L.B., 2008. *Indications de l'oxygénothérapie hyperbare : Le rapport du Comité d'oxygénothérapie hyperbare.* Undersea and Hyperbaric Medical Society.

[49] Kamiya, J., 1969. Contrôle opérationnel du rythme alpha de l'EEG et certains de ses effets rapportés sur la conscience. *États de conscience alertes, 489.*

[50] Bennett, M.H., Trytko, B. et Jonker, B., 2012. Oxygénothérapie hyperbare pour le traitement adjuvant des lésions cérébrales traumatiques. *The Cochrane Library.*

[51] Frederick, J.A., 2012. Psychophysique de la discrimination de l'état alpha de l'EEG. *Consciousness and cognition, 21*(3), pp.1345-1354.

[52] Hardt, J.V. et Kamiya, J., 1978. Anxiety change through electroencephalographic alpha feedback seen only in high anxiety subjects. *Science*, *201*(4350), pp.79-81.

[53] Burgen, A.S.V., Dickens, F. et Zatman, L.J., 1949. L'action de la toxine botulique sur la jonction neuro-musculaire. *The Journal of physiology*, *109*(1-2), pp.10-24.

[54] Montecucco, C. et Molgó, J., 2005. Les neurotoxines botuliques : la renaissance d'un vieux tueur. *Current opinion in pharmacology*, *5*(3), pp.274-279.

[55] Barnes, M.P. et Johnson, G.R. eds. 2008. *Upper motor neurone syndrome and spasticity : clinical management and neurophysiology*. Cambridge University Press.

[56] McLaughlin, J.F., Bjornson, K.F., Astley, S.J., Graubert, C., Hays, R.M., Roberts, T.S., Price, R. et Temkin, N., 1998. Selective dorsal rhizotomy : efficacy and safety in an investigator- masked randomized clinical trial. *Developmental Medicine & Child Neurology*, *40*(4), pp.220-232.

[57] Sleigh, G. et Brocklehurst, P., 2004. Gastrostomy feeding in cerebral palsy : a systematic review. *Archives of disease in childhood*, *89*(6), pp.534-539.

[58] Tiwari, A. et Tiwari, R., Study and Analysis of Various Window Techniques Used in Removal of High Frequency Noise Associated in Electroencephalogram (EEG).

[59] Gupta, M., Rajak, B.L., Bhatia, D. et Mukherjee, A., 2016. La thérapie de stimulation magnétique transcrânienne chez les enfants atteints de paralysie cérébrale spastique améliore l'activité motrice. *J Neuroinfect Dis*, *7*(231), p.2.

[60] Hoshi, E., 2006. Functional specialization within the dorsolateral prefrontal cortex : a review of anatomical and physiological studies of non-human primates. *Neuroscience research*, *54*(2), pp.73-84.

[61] Gupta, M., Lal Rajak, B., Bhatia, D. et Mukherjee, A., 2016. Effet de la r-TMS par rapport à la thérapie standard dans la diminution du tonus musculaire des patients atteints de paralysie cérébrale spastique. *Journal of medical engineering & technology*, *40*(4), pp.210-216.

[62] Pascual-Leone, A., Tormos, J.M., Keenan, J., Tarazona, F., Cañete, C. et Catalá, M.D., 1998. Étude et modulation de l'excitabilité corticale humaine par stimulation magnétique transcrânienne. *Journal of Clinical Neurophysiology*, *15*(4), pp.333-343.

[63] Khedr, E.M., Ahmed, M.A., Fathy, N. et Rothwell, J.C., 2005. Essai thérapeutique de la stimulation magnétique transcrânienne répétitive après un accident vasculaire cérébral ischémique aigu. *Neurology*, *65*(3), pp.466-468.

[64] Kumru, H., Benito, J., Murillo, N., Valls-Sole, J., Valles, M., Lopez-Blazquez, R., Costa, U., Tormos, J.M., Pascual-Leone, A. et Vidal, J., 2013. RETRACTED : Effets de la stimulation magnétique transcrânienne répétitive à haute fréquence sur l'amélioration de la motricité et de la marche chez des patients atteints de lésions médullaires incomplètes. *Neurorehabilitation and neural repair*, *27*(5), pp.421-429.

[65] Elkholy, S.H., Atteya, A.A., Hassan, W.A., Sharaf, M. et Gohary, A.M.E., 2014. Stimulation magnétique transcrânienne répétitive à bas débit (rTMS) et rééducation de la marche après un accident vasculaire cérébral. *Journal égyptien de neurologie, psychiatrie et neurochirurgie*, *51*(3).

[66] Mally, J. et Dinya, E., 2008. Récupération de l'incapacité motrice et de la spasticité en post-AVC après stimulation magnétique transcrânienne répétitive (SMTr). *Brain research bulletin*, *76*(4), pp.388395.

[67] Valero-Cabre, A. et Pascual-Leone, A., 2005. Impact de la TMS sur le cortex moteur primaire et les systèmes spinaux associés. *IEEE engineering in medicine and biology magazine*, *24*(1), pp.29-35.

[68] Adkins-Muir, D.L. et Jones, T.A., 2003. Cortical electrical stimulation combined with rehabilitative training : enhanced functional recovery and dendritic plasticity following focal cortical ischemia in rats. *Neurological research*, *25*(8), pp.780-788.

[69] Plautz, E.J., Barbay, S., Frost, S.B., Friel, K.M., Dancause, N., Zoubina, E.V., Stowe, A.M., Quaney, B.M. et Nudo, R.J., 2003. Post-infarct cortical plasticity and behavioral recovery using concurrent cortical stimulation and rehabilitative training : a feasibility study in primates. *Neurological research*, *25*(8), pp.801-810.

[70] Hallett, M., 2000. Transcranial magnetic stimulation and the human brain. *Nature*, *406*(6792), p.147.

[71] Sénéchal, C., Larivée, S., Richard, E. et Marois, P., 2007. L'oxygénothérapie hyperbare dans le traitement de la paralysie cérébrale : revue et comparaison avec les thérapies actuellement acceptées. *Journal of American Physicians and Surgeons*, *12*(4), p.109.

[72] Rajak, B.L., Gupta, M., Bhatia, D. et Mukherjee, A., 2017. Effet de la stimulation magnétique transcrânienne répétitive sur la fonction de la main des enfants atteints de paralysie cérébrale spastique. *J Neurol Disord*, *5*(329), p.2.

[73] Kirton, A., 2013. Modulation de la plasticité développementale avec la stimulation cérébrale non invasive dans la paralysie cérébrale. *Int J Phys Med Rehabil*, *1*(135), p.2.

[74] Gupta, M., Lal Rajak, B., Bhatia, D. et Mukherjee, A., 2016. Effet de la r-TMS par rapport à la thérapie standard dans la diminution du tonus musculaire des patients atteints de paralysie cérébrale spastique. *Journal of medical engineering & technology*, *40*(4), pp.210-216.

[75] Rajak, B.L., Gupta, M., Bhatia, D., Mukherjee, A., Paul, S. et Sinha, T.K., POWER SPECTRAL ANALYSIS OF EEG AS A POTENTIAL MARKER IN THE DIAGNOSIS OF SPASTIC CEREBRAL PALSY CASES.

[76] Kamble, N., Netravathi, M. et Pal, P.K., 2014. Applications thérapeutiques de la stimulation magnétique transcrânienne répétitive (rTMS) dans les troubles du mouvement : une revue. *Parkinsonism & related disorders*, *20*(7), pp.695-707.

[77] Oskoui, M., Coutinho, F., Dykeman, J., Jetté, N. et Pringsheim, T., 2013. Une mise à jour sur la prévalence de l'infirmité motrice cérébrale : une revue systématique et une méta-analyse. *Developmental Medicine & Child Neurology*, *55*(6), pp.509-519.

[78] MacLennan, A.H., Thompson, S.C. et Gecz, J., 2015. Infirmité motrice cérébrale : causes, voies d'accès et rôle des variants génétiques. *American Journal of Obstetrics & Gynecology*, *213*(6), pp.779788.

[79] Odeen, I., 1981. Reduction of muscular hypertonus by long-term muscle stretch. *Scandinavian journal of rehabilitation medicine*, *13*(2-3), pp.93-99.

[80] Zhang, Y., Chen, Y., Bressler, S.L. et Ding, M., 2008. Préparation et inhibition de la réponse : le rôle du rythme bêta sensorimoteur cortical. *Neuroscience*, *156*(1), pp.238-246.

[81] Frye, R.E., Rotenberg, A., Ousley, M. et Pascual-Leone, A., 2008. Transcranial magnetic stimulation in child neurology : current and future directions. *Journal of child neurology*, *23*(1), pp.79-96.

I want morebooks!

Buy your books fast and straightforward online - at one of world's fastest growing online book stores! Environmentally sound due to Print-on-Demand technologies.

Buy your books online at
www.morebooks.shop

Achetez vos livres en ligne, vite et bien, sur l'une des librairies en ligne les plus performantes au monde!
En protégeant nos ressources et notre environnement grâce à l'impression à la demande.

La librairie en ligne pour acheter plus vite
www.morebooks.shop

Printed by Books on Demand GmbH, Norderstedt / Germany